Die Maxwellsche Theorie in veränderter Formulierung

Von

Dr. techn. **Leonhard Kneissler**
a. o. Professor an der Technischen Hochschule
in Wien

Wien
Springer-Verlag
1949

ISBN-13: 978-3-211-80101-7   e-ISBN-13: 978-3-7091-7731-0
DOI: 10.1007/978-3-7091-7731-0

Vorwort

Der Zweck dieses Büchleins ist, eine Variante der Maxwellschen Theorie zur Diskussion zu stellen.

Bekanntlich weist die Maxwellsche Theorie eine Reihe nicht unerheblicher Unstimmigkeiten auf. Wenn es um diese still geworden ist, so liegt der Grund offenbar in dem Umstande, daß sich die Maxwellsche Theorie seit der Aufstellung der Elektronentheorie von H. A. Lorentz weit hinter der Forschungsfront befindet.

Die Unstimmigkeiten der Maxwellschen Theorie, die als Theorie des Kontinuums ihren praktischen Wert immer behalten wird, machen sich jedoch störend in den Anwendungen bemerkbar. So muß die Darstellung des magnetischen Feldes bei Vorhandensein ferromagnetischer Stoffe, die in der Elektrotechnik eine außerordentliche Anwendung finden, als unbefriedigend und ungeklärt bezeichnet werden.

Es waren diese Schwierigkeiten in der Theorie des magnetischen Feldes, die den Anlaß zu den Untersuchungen dieses Büchleins gaben. Verfasser möchte jedoch ausdrücklich bemerken, daß er dabei in keiner Weise die Absicht hat, als Physiker aufzutreten. Wenn die Maxwellsche Theorie ein Stück klassischer Physik ist, so stellt sie doch auch ein Stück des Fundamentes der theoretischen Elektrotechnik, meines eigenen Faches, dar und es waren, wie bemerkt, die in dieser auftretenden Schwierigkeiten, welche die Veranlassung gaben, das Fundament dieses gedanklichen Gebäudes an Hand unseres heutigen Wissens einer Überprüfung zu unterziehen.

Dem Versuche einer solchen Überprüfung war dabei eine Richtung gewiesen: Maxwell schreibt in seinem Hauptwerk, in der Ausgabe: „Lehrbuch der Elektricität und des Magnetismus“ von James Clerk Maxwell M. A. Autorisierte deutsche Übersetzung von Dr. B. Weinstein. In zwei Bänden. Verlag von Julius Springer, Berlin 1883, auf Seite 583 des zweiten Bandes: „Ampère nimmt bekanntlich an, daß die Molekeln ihren Magnetismus Strömen verdanken, die in ihrem Inneren in geschlossenen Bahnen fließen. Handelt es sich um die Wirkung eines Magneten auf außerhalb seiner Substanz gelegenem Punkte, so kann man in der Tat durch eine Schicht elektrischer Ströme, die auf seiner Oberfläche in geeigneter Weise verteilt sind, diese Wirkung vollständig nachahmen.“ Und auf Seite 584: „Obgleich aber die Ampèresche Hypothese namentlich deshalb, weil sie die Coexistenz einer Menge einfacher Teilchen annimmt, zu äußerst komplizierten Ausdrücken leiten zu müssen scheint, so gewinnt man doch eine bedeutende Vereinfachung der Theorie des Magnetismus, wenn man sie akzeptiert und damit den mathematischen Calcul gewissermaßen auch in das Innere der magnetischen Molekel einführt.“

Es schien somit der Versuch gerechtfertigt, diesen von Maxwell nur skizzierten Weg zu verfolgen, den Begriff der magnetischen Menge aus der Maxwellschen Theorie zu eliminieren und Molekularströme als Ursache des stofflich bedingten magnetischen Feldes einzuführen. Gleichzeitig war an Stelle des offenbar zu engen Ausdruckes für den Leitungsstrom in der ersten Maxwellschen Gleichung ein solcher für die allgemeine Elektrizitätsströmung zu setzen.

Als unerwartetes Ergebnis dieses im ersten Kapitel dieser Schrift durchgeführten Schrittes ergaben sich die Grundgleichungen der Theorie in einer veränderten Form, und zwar in der gleichen, wie sie die Grundgleichungen der Elektronentheorie von H. A. Lorentz aufweisen. Auf dieser Grundlage war nunmehr versuchsweise eine Kontinuumstheorie des elektromagnetischen Makrofeldes zu errichten.

Dieser Versuch führte zu der in diesem Büchlein entwickelten und als „Variante" bezeichneten Theorie, die in ihrem geschlossenen, in sich widerspruchsfreien Aufbau bemerkenswerterweise gerade dort von der unveränderten Maxwellschen Theorie abweicht, wo diese ihre Unstimmigkeiten aufweist.

Die formale Übereinstimmung der Grundgleichungen der Elektronentheorie und der hier entwickelten Variante der Maxwellschen Theorie gestattet nun die Grundgleichungen der Variante auch durch direkte einfache Mittelwertbildung aus der Elektronentheorie abzuleiten, wodurch diese beiden Theorien gleichsam als zwei Formulierungen verschiedener Schärfe einer einzigen Theorie erscheinen. In der Tat kann die Variante als „Rest" aufgefaßt werden, der verbleibt, wenn aus der Elektronentheorie alles Atomistische durch die Mittelwertbildung eliminiert und nur der Makrobereich berücksichtigt wird. Die Verwendung der Variante erfolgt dabei offenbar im Sinne einer Arbeitsökonomie: Ist die Berücksichtigung des Mikrofeldes für die betreffende Untersuchung nicht erforderlich, so entledigt man sich ihrer durch die Mittelwertbildung und geht zur Kontinuumstheorie über, die das erstrebte Ziel unter der angenommenen Voraussetzung im allgemeinen viel einfacher zu erreichen gestattet.

Das Gesamtbild des elektromagnetischen Feldes gemäß der Variante ist dank ihrem Anschluß an die Elektronentheorie von der größten Einfachheit: Es gibt nur ein elektrisches und nur ein magnetisches Feld sowie nur eine Art von Elektrizitätsmengen. Letztere können im Vakuum auftreten oder an eine an sich neutrale Substanz geknüpft sein, mit der sie die Materie bilden. Ferromagnetisches Material, beispielsweise, wirkt dieser Auffassung gemäß nicht infolge seiner „magnetischen Permeabilität", sondern durch seine Molekular- oder Elementarströme. Die Verteilung und Bewegung der in der Materie — genauer, der in der neutralen Substanz — enthaltenen Elektrizität bedeuten für das eigentliche elektromagnetische Feld von außen diktierte Bedingungen. Die auftretenden Kräfte sind ausschließlich die vom elektrischen, vom magnetischen Feld und von der neutralen Substanz auf die Elektrizität ausgeübten.

Das von der Variante gegebene Gesamtbild des elektromagnetischen Geschehens ist daher von dem der unveränderten Maxwellschen Theorie nicht unbedeutend verschieden. So erfaßt die Variante ungezwungen Elektrizitätsströmungen im leeren Raum; eine Möglichkeit, die der unveränderten Maxwellschen nicht gegeben ist, da sie nur den Leitungsstrom berücksichtigt. Ferner ist die unveränderte Maxwellsche Theorie genötigt, zwischen den beiden Grundgleichungen, da sie verschiedene Größen enthalten, Brücken in Formen von „Verknüpfungsgleichungen“ zu schlagen, die stoffliche Charakteristiken darstellen. Nun ist die Reichweite jeder Kontinuumstheorie bei der notwendigerweise stets ad hoc empirischen Charakterisierung eines Stoffes eine sehr beschränkte und die Maxwellsche Theorie sieht sich daher genötigt, entweder idealisiertes Material einfachsten Verhaltens zugrunde zu legen oder auf den geschlossenen analytischen Ausbau der Theorie zu verzichten.

Die Variante ist von diesen Schwierigkeiten vollständig frei. In ihrem Grundriß tritt keinerlei stoffliche Charakteristik auf, alles bezieht sich hier auf das elektromagnetische Feld im engeren Sinne. Soll die Einwirkung der Materie auf das elektromagnetische Feld berücksichtigt werden, was durch die Erfassung der in der Materie bestehenden Verteilung und Bewegung der Elektrizität erfolgt, so bedeutet dies im Rahmen der Variante einen Schritt, der über die Theorie des eigentlichen elektromagnetischen Feldes bereits hinausgeht. Der entscheidende Vorteil beruht hier auf dem Umstand, daß es jetzt in keiner Weise erforderlich ist, stoffliche Verknüpfungen bis in den Grundriß der Theorie zu tragen. Letzterer bleibt von den Schwierigkeiten der stofflichen Charakterisierung vollständig frei. Soll aber eine solche eingeführt werden, so ist es eine gänzlich offene Frage, wie man sich im Rahmen der Kontinuitätstheorie analytisch durch das Dickicht des stofflichen Verhaltens durchschlägt. Dielektrizitätskonstante und magnetische Permeabilität verlieren dabei durchaus ihren prominenten Charakter und erweisen sich lediglich als die ersten Behelfe zur Charakterisierung spezieller Stoffe, nämlich solcher einfachsten elektromagnetischen Verhaltens zum Zwecke ihrer analytischen Durchleuchtung; wobei es grundsätzlich zunächst ganz offen steht, ob es solche Stoffe überhaupt gibt.

Aus diesem Sachverhalt folgt, daß die hier entwickelte Theorie des kontinuierlichen elektromagnetischen Makrofeldes über das elektromagnetische Verhalten der Materie nichts aussagen kann. Derartige Annahmen müssen, soweit sie nicht überhaupt rein analytisch gemeint sind, aus einer weitergehenden Erfahrung geschöpft werden und bedeuten der Theorie des eigentlichen elektromagnetischen Feldes gegenüber etwas selbständig Neues. In der Tat beruht die Theorie der Dielektrika und des magnetisierbaren Materials auf den beiden voneinander unabhängigen Prämissen: Den Grundgleichungen des eigentlichen elektromagnetischen Feldes und den Annahmen über die Verteilung sowie das Verhalten der Elektrizität innerhalb einer sonst neutralen Substanz.

Diese ganze Sachlage ist eine Folge des Umstandes, daß die Variante der Maxwellschen Theorie lediglich als Sproß aus der Elektronentheorie als Wurzel aufgefaßt werden kann. Die Entwicklung und genauere Untersuchung der Variante soll die Aufgabe dieses Büchleins sein. Da die Kenntnis der unveränderten Maxwellschen Theorie beim Leser vorausgesetzt werden muß, kann die Untersuchung auf diejenigen Punkte beschränkt bleiben, in denen die beiden Theorien voneinander abweichen. Kapitel I enthält die Aufstellung der Grundgleichungen, Kapitel II Untersuchungen über dielektrisches, Kapitel III über magnetisierbares Material, in Kapitel IV wird auf einige spezielle Punkte des allgemeinen elektromagnetischen Feldes eingegangen. Wenn bei diesen Untersuchungen Dielektrika und magnetisierbares Material mit konstanter DK bzw. magnetischer Permeabilität im II. bzw. III. Kapitel die Hauptrolle spielen, so geschieht dies im angegebenen Sinne: Im Rahmen einer Kontinuumstheorie gestattet nur idealisiertes Material eine genaue analytische Darstellung seines Verhaltens und somit auch einen klaren Vergleich der beiden Theorien; nämlich der unveränderten Maxwellschen Theorie und der Variante.

Eine besondere Schwierigkeit bot den Untersuchungen der Umstand, daß es erforderlich war, mit den vertrauten Begriffen der Maxwellschen Theorie ein teilweise verändertes Gebäude mit anderen Auffassungen und Zusammenhängen aufzuführen. Die Gefahr von Mißverständnissen ist daher groß, und schwierig zu beseitigen. Der radikale Versuch, eine neue Nomenklatur einzuführen, erwies sich als ungangbar. Verfasser sah daher keine andere Möglichkeit, als unter Verwendung der üblichen Nomenklatur (trotz deren Herkunft aus teilweise ganz anderen Anschauungen), die Gefahr von Mißverständnissen durch eine möglichst sorgfältige Darstellung zu bannen. Wie weit dies gelungen ist, muß dem Urteil des nachsichtigen Lesers überlassen bleiben.

Die Untersuchungen über die Variante der Maxwellschen Theorie wurden begonnen im „Archiv für Elektrotechnik" (Berlin), Bd. 34 (1940), S. 713, Bd. 35 (1941), S. 307 und Bd. 36 (1942), S. 471.

Wien, im November 1949.

Der Verfasser.

Inhaltsverzeichnis

Anhang

Formelzeichen

Vektoren:

$\mathfrak{E}$ . . . elektrische Feldstärke
$\mathfrak{D}$ . . . elektrische Felddichte (dielektrische Verschiebung)
$\mathfrak{H}$ . . . magnetische Feldstärke
$\mathfrak{B}$ . . . magnetische Felddichte (Induktion)
$\mathfrak{J}$ . . . Dichte des Leitungsstromes
$\mathfrak{O}$ . . . Dichte des freien Stromes

$\mathfrak{S}$ . . . Dichte des elektromagnetischen Energieflusses (Poyntingscher Vektor)
$\mathfrak{k}$ . . . auf die Elektrizität ausgeübte Kraft
$\mathfrak{v}$ . . . Geschwindigkeit der Elektrizität
$\mathfrak{w}$ . . . materielle Geschwindigkeit

Skalare:

a . . . Energiedichte
ε . . . Dielektrizitätskonstante
μ . . . magnetische Permeabilität

ϱ . . . Dichte der Elektrizität
σ . . . spezifischer Leiterwiderstand

Die Konstante der Lichtgeschwindigkeit ist mit c ($= 3.10^{10}$) bezeichnet.

Der Index el kennzeichnet jeweils das elektrische, der Index m das magnetische Feld.

Die Indices x, y, z bedeuten, daß der skalare Betrag der x-, y-, z-Komponente des betreffenden Vektors gemeint ist; ebenso kennzeichnen die Indices n, t den skalaren Betrag der Normal- bzw. Tangentialkomponente. Alle andern Indices lassen den Vektorcharakter unangetastet.

Einleitung

Ein Rückblick auf die Entwicklung der Elektrizitätslehre zeigt folgende Hauptabschnitte: Durch den Froschschenkelversuch von Galvani wird die Erschließung der strömenden Elektrizität angebahnt, deren mit den Namen Volta, Ampère, Ohm u. a. verknüpfte Erforschung etwa vier Jahrzehnte umfaßt. Dann erfährt die Deutung der elektromagnetischen Erscheinungen durch Faradays Feldlehre eine tiefgreifende Veränderung und wesentliche Förderung. Maxwell formuliert das Faradaysche Gedankengut mathematisch und stellt die nach ihm benannte Theorie auf, die von Hertz vervollkommnet wird.

Die Maxwellsche Theorie erweist sich als erstaunlich umfassend, doch führt der nächste Schritt der Entwicklung bereits wesentlich über sie hinaus: H. A. Lorentz stellt die Elektronentheorie auf. Die weitere Entwicklung führt zur Quantenphysik.

Während die Anschauungen der Epoche vor Faraday großenteils als überholt angesehen werden müssen, hat die Maxwellsche Theorie ihre praktische Bedeutung behalten; formuliert sie doch die Gesetzmäßigkeiten des kontinuierlichen elektromagnetischen Feldes und ist daher zu dessen Darstellung unentbehrlich.

Trotz ihres tiefen Wahrheitsgehaltes weist die Maxwellsche Theorie jedoch manche nicht unerhebliche Mängel auf. Diese Verbindung von tiefem Erfassen der Naturvorgänge und stellenweisem Versagen ist auffällig; sie kann offenbar nicht kurzerhand mit der Bemerkung abgetan werden, daß schließlich jede Theorie, insbesondere jede Kontinuumstheorie ihre Grenzen haben muß.

An Mängeln der Maxwellschen Theorie, wie sie in der Literatur[1] festgestellt sind, können etwa folgende angeführt werden:

Zunächst erweist sich die Charakterisierung der Materie in elektromagnetischer Beziehung durch die drei stofflichen Konstanten, die Dielektrizitätskonstante, die magnetische Permeabilität und die spezifische Leitfähigkeit als nicht ausreichend. Bei wirklichem Material ist die Konstanz dieser Werte meist nicht erfüllt und die Maxwellsche Theorie befaßt sich daher, soweit sie die Konstanz voraussetzt, nur mit idealisierten Stoffen. Wird die Voraussetzung der Konstanz aber aufgelassen, so kann die Theorie nicht einmal im Fundament exakt formuliert werden.

Ferner wirkt die Theorie des stofflich bedingten Magnetismus unbefriedigend. Einerseits wird das Auftreten wahrer magnetischer Mengen verneint, andererseits aber müssen magnetische Mengen anderer Art, und zwar „freie" doch wieder eingeführt werden, da sonst beispielsweise das Auftreten permanenter Magnete nicht gedeutet werden könnte. Da nun aber mittels der freien magnetischen Mengen zwar das Auftreten magnetischer Pole, nicht aber das Auftreten eines magnetischen Induktionsfeldes in einem magnetischen Kreise erklärt werden kann, sieht sich die Theorie zu der weiteren Annahme gezwungen, daß die „magnetische Durchlässigkeit" des Materials das magnetische Induktionsfeld bei gegebener magnetischer Feldstärke bestimmt. Diese Vorstellungen wirken zusammengestückelt und nicht überzeugend.

Im Zusammenhang mit der unbefriedigenden Darstellung des magnetischen Feldes steht offenbar der Umstand, daß der Kraftangriff daselbst von der Maxwellschen Theorie bestimmt stellenweise falsch angegeben wird, wie das Beispiel einer

---

[1] Siehe etwa M. v. Laue, Die Relativitätstheorie, 1. Band, 3. Auflage, Braunschweig: Verlag Friedrich Vieweg & Sohn, 1919, und Cl. Schaefer, Einführung in die theoretische Physik, 3. Band, 1. Teil, Berlin und Leipzig: Verlag Walter de Gruyter & Co., 1932.

Kraft auf das Vakuum zeigt. Dieser Fehler ist um so auffälliger, als sonst das elektromagnetische Feld gerade im leeren Raum exakt richtig dargestellt wird.

Ferner ist es nicht gelungen, die Maxwellsche Theorie in befriedigender Weise auf den Fall materieller Bewegung auszudehnen. Die Relativitätstheorie legt ihren Untersuchungen die Gleichungen der Elektronentheorie zugrunde. Berücksichtigt sie die stofflichen Verknüpfungsgleichungen der Maxwellschen Theorie, so ergeben sich undurchsichtige Verhältnisse.

Schließlich entsprechen die Grundvorstellungen der Maxwellschen Theorie nur mangelhaft den modernen Anschauungen der Physik. So ist schon äußerlich auffällig, daß die Dielektrizitätskonstante und die magnetische Permeabilität des Vakuums im Rahmen der Maxwellschen Theorie als „universelle" Konstanten gelten, während sie in der Quantenmechanik überhaupt nicht auftreten; im Gegensatz etwa zu der wirklich universellen Konstanten der Lichtgeschwindigkeit.

Diese Mängel können in ihrer Gesamtheit offenbar nicht anders als eine ernste Kritik an den Grundlagen der Maxwellschen Theorie gewertet werden.

Wie im Vorwort ausgeführt wurde, hat Maxwell selbst die Einführung der Ampèreschen Elementarströme an Stelle der magnetischen Mengen ins Auge gefaßt, diesen Weg aber leider nicht weiter verfolgt. Heute kann es nicht mehr zweifelhaft sein, daß die Ampèresche Ansicht — wenn auch gleichsam auf einer höheren Ebene — zutrifft.

Wir versuchen daher im folgenden die Maxwellsche Theorie unter Zugrundelegung der Elementarströme zu entwickeln. Dabei erhebt sich vor allem die Frage, in welcher Weise die Elementarströme einzuführen und welche Annahmen über ihre Konstitution erforderlich sind. Die Untersuchung zeigt nun, daß nähere Annahmen über die Konstitution der Elementarströme entfallen können; es genügt, diese als strömende Elektrizität einzuführen.

Diese Einführung der Elementarströme in unbestimmter Form bedeutet natürlich den Verzicht auf jede genauere stofflich-magnetische Theorie, deren lange Reihe von Poisson und Ampère bis zur Gegenwart reicht. Sie hängt damit zusammen, daß wir uns hier im Bereich einer Kontinuumstheorie sowie des Makrofeldes befinden.

Gleichzeitig mit dem Ersatz der magnetischen Mengen durch die Elementarströme ist an Stelle des Ausdruckes für den Leitungsstrom in der ersten Maxwellschen Gleichung ein solcher der allgemeinen Elektrizitätsströmung einzuführen.

Hieraus ergibt sich, wie im Kapitel I ausgeführt wird, überraschender Weise, daß die erste Maxwellsche Gleichung die Form der entsprechenden Grundgleichung der Lorentzschen Elektronentheorie annimmt, während die zweite Maxwellsche Gleichung unverändert bleibt. Da infolgedessen die stofflichen Verknüpfungsgleichungen entfallen, ist es möglich, auch die übrigen Grundgleichungen der veränderten Maxwellschen Theorie denen der Elektronentheorie anzugleichen, so daß nunmehr die Fundamente beider Theorien formal völlig übereinstimmen.

Von wesentlicher Bedeutung ist dabei der Umstand, daß die Grundgleichungen der Elektronentheorie selbst ausgesprochen kontinuumstheoretischer Natur sind.

In dem Buche „Versuch einer Theorie der electrischen und optischen Erscheinungen in bewegten Körpern" von H. A. Lorentz (Leiden 1895) heißt es auf S. 14: „Die Ladung eines Ions[1] werden wir über einen gewissen Raum verteilt ansehen; die räumliche Dichtigkeit möge ϱ heißen und wir wollen annehmen, daß diese Funktion beim Übergang aus dem Inneren eines Teilchens in den reinen Äther stetig in 0

---

[1] Die Bezeichnung Elektron wurde erst später eingeführt.

übergehe. In dieser Voraussetzung, daß keine Diskontinuitäten zu berücksichtigen sind, liegt indes keine wesentliche Einschränkung."

Diese Formulierung hängt damit zusammen, daß der Ausgangspunkt der Theorie von Lorentz vor allem „die Frage, ob der Äther an der Bewegung ponderabler Körper teilnehme oder nicht" betraf. Die atomistische Auffassung der Elektrizität bedeutet somit für die Theorie von Lorentz keine Notwendigkeit, welcher sehr bemerkenswerte Umstand die völlige formale Übereinstimmung der Grundgleichungen der Variante der Maxwellschen Theorie mit denen der Theorie von Lorentz ermöglicht.

Wenn die kontinuumstheoretische Variante in der weiteren Ausgestaltung der Elektronentheorie gegenüber selbständige Züge annimmt, so folgt dies aus dem Umstande, daß die Variante im Gegensatz zur Elektronentheorie konsequent nur das Makrofeld beachtet.

Im folgenden Kapitel I werden zunächst die Grundgleichungen der Variante entwickelt und sodann allgemeine Folgerungen besprochen.

Das in diesem Buche verwendete Maßsystem ist das von Lorentz. Die Verwendung dieses Maßsystems ist im Anhang näher begründet, wobei auch auf die allgemeine Frage des zweckmäßigsten Maßsystems eingegangen wird.

I. Die Grundgleichungen

Die beiden Hauptgleichungen der Maxwellschen Theorie lauten, wenn zum Zwecke möglichster Allgemeinheit Halbleiter berücksichtigt werden,

$$\operatorname{rot} \mathfrak{H} - \frac{1}{c} \frac{\partial \mathfrak{D}}{\partial t} = \frac{1}{c} \mathfrak{J} \tag{1a}$$

$$\operatorname{rot} \mathfrak{E} + \frac{1}{c} \frac{\partial \mathfrak{B}}{\partial t} = 0. \tag{1b}$$

Hierzu gehören noch stoffliche Verknüpfungsgleichungen, auf die hier jedoch nicht eingegangen zu werden braucht.

Wir versuchen nun in der ersten Maxwellschen Gleichung an Stelle der Leitungsstromdichte das Produkt aus der Elektrizitätsdichte und der Elektrizitätsgeschwindigkeit, also den Ansatz $\varrho\,\mathfrak{v}$ als allgemeinen Ausdruck für die elektrische Strömung einzuführen. Gemäß der Maxwellschen Theorie unterscheiden wir die Strömung der wahren Elektrizität, und die der Polarisationselektrizität, wobei die letztere infolge ihrer Bindung an die Materie des Dielektrikums nur begrenzter Bewegung fähig ist. Außerdem aber subsumieren wir unter dem Ausdruck $\varrho\,\mathfrak{v}$ auch die Elementarströme, also die im magnetisierbaren Material auftretenden Ströme.

Die Strömung der Polarisationselektrizität ist bereits im Maxwellschen Verschiebungsstrom enthalten und wir setzen versuchsweise

$$\frac{\partial\,\mathfrak{D}}{\partial\,t} = \frac{\partial\,\mathfrak{E}}{\partial\,t} + \varrho_P\,\mathfrak{v}_P, \tag{2}$$

wobei ϱ_P die Dichte und $\mathfrak{v}_P$ die Geschwindigkeit der Polarisationselektrizität bedeuten.

Die Elementarströme sind in Analogie zur Gleichung

$$\operatorname{rot}\,\mathfrak{H} = \frac{1}{c}\,\mathfrak{J}$$

mit ihrem magnetischen Feld durch die Beziehung

$$\operatorname{rot}\,\mathfrak{h}_\mathfrak{v} = \frac{1}{c}\,\mathfrak{v} \tag{3}$$

zu verknüpfen. Da wir jedoch die Elementarströme formal durch den freien Strom ersetzen (worauf im Kapitel III näher eingegangen wird), ist zu setzen

$$\operatorname{rot}\,\mathfrak{B}_\mathfrak{D} = \frac{1}{c}\,\mathfrak{D}. \tag{4}$$

Der Vektor der Leitungsstromdichte $\mathfrak{J}$ wird üblicherweise auf ein im Leiter festliegendes Koordinatensystem bezogen, und zwar auch dann, wenn sich der Leiter in Bewegung befindet. In diesem Falle hat aber $\mathfrak{J}$ nicht mehr die

Richtung der Elektrizitätsgeschwindigkeit, sondern stellt nur eine Komponente dieser vor. Analoges gilt für den freien Strom, so daß allgemein

$$\text{rot}\,(\mathfrak{H} + \mathfrak{B}_{\mathfrak{D}}) = \frac{1}{c}\,(\mathfrak{J} + \mathfrak{D} + \varrho\,\mathfrak{w}) \qquad (5)$$

zu setzen ist, wobei $\mathfrak{w}$ die materielle Geschwindigkeit der Leitersubstanz bedeutet.

Unter Berücksichtigung von I (1 a)[1] und I (2) folgt dann

$$\text{rot}\,(\mathfrak{H} + \mathfrak{B}_{\mathfrak{D}}) - \frac{1}{c}\,\frac{\partial\,\mathfrak{E}}{\partial\,t} = \frac{1}{c}\,(\mathfrak{J} + \mathfrak{D} + \varrho_{\mathbf{P}}\,\mathfrak{v}_{\mathbf{P}} + \varrho\,\mathfrak{w}). \qquad (6)$$

Mit der Einführung

$$\text{rot}\,(\mathfrak{H} + \mathfrak{B}_{\mathfrak{D}}) = \text{rot}\,\mathfrak{B} \qquad (7\,\text{a})$$

und

$$\mathfrak{J} + \mathfrak{D} + \varrho_{\mathbf{P}}\,\mathfrak{v}_{\mathbf{P}} + \varrho\,\mathfrak{w} = \varrho\,\mathfrak{v} \qquad (7\,\text{b})$$

ergibt sich schließlich die erste Maxwellsche Gleichung in der Form

$$\text{rot}\,\mathfrak{B} - \frac{1}{c}\,\frac{\partial\,\mathfrak{E}}{\partial\,t} = \frac{1}{c}\,\varrho\,\mathfrak{v}. \qquad (A)$$

Es ist dies diejenige Form, welche die erste Hauptgleichung der Elektronentheorie besitzt. Daß hier der Buchstabe $\mathfrak{B}$ an Stelle von $\mathfrak{H}$ verwendet wird, ist — da die Variante nur ein einziges magnetisches Feld kennt — lediglich eine formale Angelegenheit. Aus den Untersuchungen des Kapitels III ergibt sich aber eine sachliche Zweckmäßigkeit für die Wahl von $\mathfrak{B}$.

Die zweite Maxwellsche Gleichung

$$\text{rot}\,\mathfrak{E} + \frac{1}{c}\,\frac{\partial\,\mathfrak{B}}{\partial\,t} = 0 \qquad (B)$$

bleibt unverändert. Da in den beiden Gleichungen nunmehr dieselben Größen auftreten, entfallen die stofflichen Verknüpfungsgleichungen.

Fragen wir, wie die Theorie auf der neuen Grundlage weiter zu bauen ist, so werden wir offenbar kaum fehlgehen,

---

[1] Den Gleichungsnummern ist stets die Nummer des Kapitels vorangestellt.

wenn wir uns auch an die Form der übrigen Grundgleichungen der Elektronentheorie halten.

Wird für die Dichte der Elektrizität

$$\operatorname{div} \mathfrak{E} = \varrho \tag{C}$$

gesetzt, so folgt unter Verwendung der ersten Maxwellschen Gleichung I (A) die Kontinuitätsgleichung für die Elektrizität

$$\frac{\partial \varrho}{\partial t} + \operatorname{div} \varrho \, \mathfrak{v} = 0. \tag{8}$$

Offenbar kann daher I (C) als weitere Fundamentalgleichung angesehen werden.

Das einzige magnetische Feld $\mathfrak{B}$ rührt ausschließlich von Wirbeln her und ist grundsätzlich quellenfrei, so daß

$$\operatorname{div} \mathfrak{B} = 0. \tag{D}$$

Für die Energiedichte des elektromagnetischen Feldes setzen wir im Hinblick auf den entsprechenden Ausdruck der Elektronentheorie

$$a = \frac{1}{2} \, (\mathfrak{E}^2 + \mathfrak{B}^2), \tag{E}$$

für den Poyntingschen Vektor

$$\mathfrak{S} = c \, \mathfrak{E} \times \mathfrak{B}. \tag{F}$$

Für den Kraftangriff, den das elektromagnetische Feld auf die Elektrizität ausübt, gilt

$$\mathfrak{f} = \varrho \, \mathfrak{E} + \frac{1}{c} \, (\varrho \, \mathfrak{v} \times \mathfrak{B}), \tag{G}$$

in Übereinstimmung mit dem von Lorentz angegebenen der Elektronentheorie.

Im Rahmen der hier entwickelten Theorie muß noch eine weitere auf die Elektrizität wirkende Kraft angenommen werden, und zwar diejenige, die von der neutralen Substanz auf die Elektrizität ausgeübt wird. Die Deutung jeglicher Kraft auf die Elektrizität als solche des elektromagnetischen Feldes allein kann für die hier entwickelte Variante, da sie nur das Makrofeld berücksichtigt, nicht in Betracht kommen.

Wird die vom elektromagnetischen Mikrofeld ausgeübte, im Makrobereich anscheinend von der Materie ausgeübte Kraft mit $\mathfrak{F}$ bezeichnet, so lautet der vollständige Ausdruck für den Kraftangriff auf die Elektrizität

$$\mathfrak{f} = \varrho \, \mathfrak{E} + \frac{1}{c} \, (\varrho \, \mathfrak{v} \times \mathfrak{B}) + \varrho \, \mathfrak{F}. \tag{H}$$

Bezüglich der Nomenklatur sei angemerkt, daß der übliche Ausdruck für die Elektrizität, deren Dichte gemäß I (C) durch ϱ angegeben wird, „freie" Elektrizität lautet. Im Sinne der hier entwickelten Auffassung wird ϱ als Dichte der Elektrizität schlechthin bezeichnet werden; oder gegebenenfalls als resultierende Dichte der Elektrizität.

Die Gleichungen I (A) bis I (H) bilden die Grundgleichungen der Maxwellschen Theorie in der veränderten Formulierung. Fragen wir nach den hauptsächlichsten Unterschieden gegenüber der unveränderten Maxwellschen Formulierung, so bestehen diese offenbar im folgenden: Die Grundgleichungen der Variante enthalten nur *ein* elektrisches und nur *ein* magnetisches Feld, daher keinerlei Verknüpfungsgleichungen zwischen der 1. und der 2. Hauptgleichung. Überhaupt ist kein Bezug auf die Materie vorhanden.

Für das Vakuum sind die Grundgleichungen der unveränderten Maxwellschen Theorie und der Variante (soferne das Maßsystem von Gauß oder das von Lorentz zu Grunde gelegt wird) identisch.

Die Variante stellt daher eine Theorie vor, die sich ausschließlich auf das elektromagnetische Feld bezieht und das Geschehen in diesem als ein Spiel zwischen elektrischem, magnetischem Feld und Elektrizität darstellt.

Hier erhebt sich die Frage, auf welche Weise die Materie dann doch Einfluß auf das elektromagnetische Feld zu nehmen vermag. Die Lösung gibt das Glied $\varrho \, \mathfrak{v}$. Wir haben anzunehmen, daß eine (vom Standpunkt des Makrofeldes) an sich neutrale Substanz die Fähigkeit besitzt, auf die Elektrizität Kräfte auszuüben. Durch diese Kräfte und nur durch diese

ist der Einfluß der Materie auf das elektromagnetische Geschehen gegeben. (Die an sich neutrale Substanz kann vom
Standpunkt des Mikrofeldes gesehen als aus elektrischen
Mikroladungen beiderlei Vorzeichen bestehend gedacht werden,
die jedoch im Makrofeld als solche nicht erkannt werden
können.) In diesem Sinne bedeutet „Materie" die neutrale
Substanz plus der in ihr enthaltenen und von ihr beeinflußten
Elektrizität. Die von der neutralen Substanz auf die Elektrizität ausgeübten Kräfte stellen für das eigentliche elektromagnetische Geschehen, also für das Spiel zwischen dem
elektrischen, dem magnetischen Feld und der Elektrizität,
von außen aufgedrückte Kräfte vor.

Die Ableitung der Grundgleichungen I (A) bis I (G) ist
offenbar noch auf einem anderen und einfacheren Wege als
dem oben angegebenen möglich; nämlich durch Mittelwertbildung aus den Grundgleichungen der Elektronentheorie.
Bedeutet etwa $\mathfrak{b}$ die magnetische Felddichte des Mikro-
bereiches, so ergibt sich die magnetische Felddichte des
Makrobereiches aus dem Integral[1]

$$\mathfrak{B} = \frac{1}{\nu\,\mathrm{T}} \int\limits_{\nu} \int\limits_{\mathrm{T}} \mathfrak{b} \; \mathrm{dv} \; \mathrm{dt},$$

wobei das Integrationsvolumen für den Mikrobereich verhältnismäßig sehr groß, für den Makrobereich sehr klein zu
wählen ist und für das zeitlich Integrationsintervall ent-
sprechendes gilt. Die auf diesem Wege aus den Grundgleichungen der Elektronentheorie gewonnenen Größen sind
ebenfalls durch die Gleichungen I (A) bis I (G) miteinander
verknüpft.

Dank dieser engen Verknüpfung der Elektronentheorie
mit der Maxwellschen Theorie in der veränderten Form
können beide als *eine einzige* Theorie angesehen werden,

---

[1] Eine eingehende Begründung hierfür findet sich etwa in
R. Becker: Theorie der Elektrizität, 2. Bd., S. 109. Leipzig und
Berlin: B. G. Teubner. 1933.

wobei die letztere mittels der Mittelwertbildung auf die Berücksichtigung des Mikrofeldes verzichtet.

II. Dielektrische Stoffe

Zur Charakterisierung eines Materials in elektromagnetischer Beziehung haben wir eine Annahme bezüglich der in ihr enthaltenen Elektrizität und ihrer Bewegung zu treffen. Es ist klar, daß eine solche Annahme im Rahmen einer Kontinuumstheorie niemals das „wirkliche" Verhalten eines Stoffes erfassen kann, da sich einem solchen Versuch unübersteigliche analytische Komplikationen entgegenstellen. Es müssen daher mehr oder minder grobe Annäherungen genügen.

Hinsichtlich des dielektrischen Materials nehmen wir zunächst nur an, daß sich die in ihm enthaltenen positiven und negativen Mikro-Elektrizitätsmengen unter der Einwirkung eines äußeren elektrischen Feldes in begrenztem Ausmaße in entgegengesetzten Richtungen verschieben und so stellenweise für das Makrofeld merkliche Elektrizitätsanhäufungen ergeben.

Zu einer allgemeineren Gestaltung der Untersuchung kann und soll auch elektrische Leitfähigkeit des Dielektrikums vorausgesetzt werden, so daß neben der Bewegung der Polarisationselektrizität auch Leitungsstrom anzusetzen ist.

Es gilt demnach

$$\varrho \, \mathfrak{v} = \mathfrak{J} + \varrho_P \, \mathfrak{v}_P, \tag{1}$$

aus welcher Gleichung unter Berücksichtigung von I (2) und der Grundgleichung I (A) folgt

$$\operatorname{rot} \mathfrak{B} - \frac{1}{c} \frac{\partial \mathfrak{D}}{\partial t} = \frac{1}{c} \mathfrak{J}. \tag{2}$$

Wird von dieser Gleichung die Divergenz genommen, so ergibt sich

$$\frac{\partial \operatorname{div} \mathfrak{D}}{\partial t} + \operatorname{div} \mathfrak{J} = 0. \tag{3}$$

Setzen wir im Anschluß an die übliche Nomenklatur

$$\operatorname{div} \mathfrak{D} = \varrho_{\mathrm{wa}}, \tag{4}$$

wobei ϱ_{wa} die „wahre" Elektrizität bedeute, so folgt die Kontinuitätsgleichung

$$\frac{\partial \varrho_{\mathrm{wa}}}{\partial t} + \operatorname{div} \mathfrak{J} = 0. \tag{5}$$

Die Bezeichnung „wahre" Elektrizität hat im Rahmen der hier entwickelten Variante offensichtlich keinen Sinn, da jegliche Elektrizität, also auch die Polarisationselektrizität, gleich „wahr" ist. Mit Rücksicht auf den herrschenden Sprachgebrauch wird im folgenden jedoch an der Bezeichnung: Dichte der „wahren" Elektrizität, für die Divergenz von $\mathfrak{D}$ festgehalten. „Wahre" Elektrizität ist demnach diejenige, die vom Leitungsstrom transportiert wird, so daß

$$\mathfrak{J} = \varrho_{\mathrm{wa}}\, \mathfrak{v}_{\mathrm{wa}} \tag{6}$$

gesetzt werden kann.

Da nach I (8) auch für die gesamte Elektrizität die Kontinuitätsgleichung gilt, so folgt, wenn II (5) von I (8) abgezogen wird,

$$\frac{\partial \varrho_{\mathrm{P}}}{\partial t} + \operatorname{div} \varrho_{\mathrm{P}}\, \mathfrak{v}_{\mathrm{P}} = 0, \tag{7}$$

also die Kontinuitätsgleichung auch für die Polarisationselektrizität.

Diesem Ergebnis liegt offenbar der Sachverhalt zugrunde, daß den bisherigen Annahmen gemäß die „wahre" und die Polarisationselektrizität stets getrennt bleiben.

Die bisherigen Annahmen enthalten noch keinen speziellen Ansatz für das Verhalten der Dielektrika im elektrischen Feld. Gemäß dem am Anfang dieses Kapitels Gesagten verzichten wir auf jeglichen Versuch, durch einen weitergehenden Ansatz dem „wirklichen" Verhalten des dielektrischen Materials näherzukommen und begnügen uns mit der vom analytischen Standpunkt aus einfachsten Annahme für die Bewegung der Polarisationselektrizität

$$\varrho_P \, \mathfrak{v}_P = K \, \frac{\partial \mathfrak{E}}{\partial t}, \tag{8}$$

worin K, die dielektrische Suszeptibilität, eine feldunabhängige Verteilung

$$K = K(x, y, z)$$

darstelle.

Der Ansatz II (8) tritt nunmehr als weitere und zwar durchaus selbständige Prämisse zu den Grundgleichungen. Die gesamten Prämissen bestehen daher nunmehr aus sehr heterogenen Bestandteilen. Während die Grundgleichungen I (A) bis I (G) objektiv-naturgesetzliche Angaben über das elektromagnetische Feld darstellen, beruht der Ansatz II (8) grundsätzlich auf subjektiver, wenn auch zweckbedingter, Willkür.

Aus II (8) und I (2) folgt

$$\frac{\partial \mathfrak{D}}{\partial t} = (K + 1) \, \frac{\partial \mathfrak{E}}{\partial t} \tag{9a}$$

und nach Integration, wenn die Integrationskonstante gleich Null gesetzt und die Dielektrizitätskonstante

$$\varepsilon = K + 1 \tag{9b}$$

eingeführt wird

$$\mathfrak{D} = \varepsilon \, \mathfrak{E}. \tag{10}$$

Im Sinne der hier entwickelten Variante ist aber zu beachten, daß $\mathfrak{D}$ gemäß I (2) aus zwei ganz heterogenen Bestandteilen besteht, daß dieser Vektor daher keinen eindeutigen Zustand angibt und daher lediglich als praktische, nur aus Gründen der Zweckmäßigkeit eingeführte *Rechengröße* angesehen werden kann.

Nach dem Bisherigen gilt also

$$\operatorname{div} \mathfrak{E} = \varrho,$$

ferner

$$\operatorname{div} \mathfrak{D} = \operatorname{div} \varepsilon \, \mathfrak{E} = \varrho_{Wa}, \tag{11a}$$

woraus folgt

$$\operatorname{div} (\mathfrak{E} - \mathfrak{D}) = - \operatorname{div} (\varepsilon - 1) \, \dot{\mathfrak{E}} = \varrho_P; \tag{11b}$$

so daß der Annahme gemäß

$$\varrho = \varrho_{\mathrm{Wa}} + \varrho_{\mathrm{P}} \tag{12a}$$

und die Identität

$$\operatorname{div} \mathfrak{E} = \operatorname{div} \varepsilon\, \mathfrak{E} - \operatorname{div} (\varepsilon - 1)\, \mathfrak{E} \tag{12b}$$

resultiert.

Die Dichte der Elektrizität setzt sich zusammen aus der Dichte der wahren und der Dichte der Polarisationselektrizität.

Daß sich hier so einfache geschlossene Beziehungen ergeben, beruht natürlich auf dem Umstande, daß der Ansatz II (8) der analytisch einfachste ist und mit dem „wirklichen" Materialverhalten zunächst gar nichts zu tun hat. Daß dieser Ansatz als Annäherung an das Verhalten dielektrischen Materials im elektrischen Feld dienen kann, ist zunächst nicht mehr als eine Hoffnung; von der wir a posteriori wissen, daß sie sich bis zu einem gewissen Grade erfüllt, jedoch auch — wie die dielektrische Hysterese zeigt — völlig vergeblich werden kann.

Aus I (C), II (11a) und II (11b) folgt durch Integration über ein Volumen und mit Hilfe des Satzes von Gauß für die im Volumen enthaltenen Elektrizitätsmengen

$$Q = \int_{v} \varrho\, \mathrm{dv} = \int_{F} \mathfrak{E}\, \mathrm{d}\mathfrak{f}, \tag{13a}$$

$$Q_{\mathrm{Wa}} = \int_{v} \varrho_{\mathrm{Wa}}\, \mathrm{dv} = \int_{F} \varepsilon\, \mathfrak{E}\, \mathrm{d}\mathfrak{f}, \tag{13b}$$

$$Q_{\mathrm{P}} = \int_{v} \varrho_{\mathrm{P}}\, \mathrm{dv} = - \int_{F} (\varepsilon - 1)\, \mathfrak{E}\, \mathrm{d}\mathfrak{f}. \tag{13c}$$

Liegt die Oberfläche des Volumens, über das integriert wurde, in Luft, wo $\varepsilon = 1$, so folgt $Q_{\mathrm{P}} = 0$; die algebraische Summe der Polarisations-Elektrizitäten in einem in Luft befindlichen dielektrischen Körper ist gleich Null.

Grenzen zwei Dielektrika verschiedener DK aneinander, so folgt aus der Annahme, daß sich in der Grenzfläche keine „wahre" Elektrizität befindet, der stetige Durchtritt der Normalkomponente von $\mathfrak{D}$, und da es sich voraussetzungsgemäß um ein statisches elektrisches Feld handelt, der stetige Durchtritt der Tangentialkomponente von $\mathfrak{E}$; woraus sich das Brechungsgesetz der Feldlinien in unveränderter Form ergibt.

Der Spaltung der Elektrizität in wahre und Polarisationselektrizität entspricht ebenso die Spaltung des elektrischen Feldes in das von der wahren und das von der Polarisationselektrizität herrührende Teilfeld; es ist

$$\mathfrak{E} = \mathfrak{E}_{Wa} + \mathfrak{E}_{P}. \tag{14}$$

Da die wahre Elektrizität die Quellen sowohl des Feldes $\mathfrak{E}_{Wa}$ als auch des Feldes $\mathfrak{D}$ bildet, könnte man versucht sein, diese beiden Felder zu identifizieren. Dies wäre jedoch unzutreffend, da die Wirbel dieser beiden Felder verschieden sind, weshalb auch diese Felder im allgemeinen in gleichen Punkten verschiedene Richtungen haben.

Bezüglich der Wirbel gilt voraussetzungsgemäß

$$\mathrm{rot}\ \mathfrak{E}_{Wa} = 0; \tag{15a}$$

dagegen

$$\mathrm{rot}\ \mathfrak{D} = \mathrm{rot}\ \varepsilon\ \mathfrak{E} = \nabla \varepsilon \times \mathfrak{E}. \tag{15b}$$

Die Wirbel des Feldes $\mathfrak{D}$ besitzen offenbar keinen physikalischen Sinn; ihr Auftreten im statischen elektrischen Feld ist durch die Einführung einer stofflichen Konstanten bedingt und deren Begleiterscheinung lediglich formaler Natur.

Wir entwickeln

$$\mathrm{div}\ \mathfrak{E}_{Wa} = \mathrm{div}\ \mathfrak{D} = \mathrm{div}\ \varepsilon\ \mathfrak{E} = \varepsilon\ \mathrm{div}\ \mathfrak{E} + \mathfrak{E}\ \nabla \varepsilon = \varrho_{Wa} \tag{16}$$

und setzen an Stelle von div $\mathfrak{E}$ die Summe $\varrho_{Wa} + \varrho_{P}$ ein; dann folgt

$$\varrho_{P} = -\frac{\varepsilon - 1}{\varepsilon}\ \varrho_{Wa} - \frac{\nabla \varepsilon}{\varepsilon}\ \mathfrak{E}, \tag{17a}$$

und wenn zu beiden Seiten ϱ_{Wa} addiert wird,

$$\varrho = \frac{\varrho_{Wa}}{\varepsilon} - \frac{\nabla \varepsilon}{\varepsilon}\ \mathfrak{E}. \tag{17b}$$

Der Ausdruck (17a) entspricht dem Umstande, daß die Polarisationselektrizität dort auftritt, wo sich wahre Elektrizität befindet, und dort, wo die DK einen Gradienten besitzt. Der wahren Elektrizität lagert sich Polarisationselektrizität anderen Vorzeichens an. Bei räumlicher Veränderung der DK erfolgt in Verschiebung der Polarisationselektrizität ungleichmäßig, so daß sich die positiven und negativen Ladungen in einem Punkt innerhalb des Dielektrikums nicht mehr aufheben.

Die *Energiedichte* des elektrischen Feldes ist nach I (E)

$$a_{el} = \frac{1}{2}\,\mathfrak{E}^2. \tag{18}$$

Wird der Ausdruck für die Divergenz des Poyntingschen Vektors des elektromagnetischen Energieflusses

$$\frac{1}{c}\,\mathrm{div}\,\mathfrak{S} = \mathrm{div}\,(\mathfrak{E} \times \mathfrak{B}) = \mathfrak{B}\,\mathrm{rot}\,\mathfrak{E} - \mathfrak{E}\,\mathrm{rot}\,\mathfrak{B}$$

entwickelt und werden darin für die Rotoren die Ausdrücke aus den Grundgleichungen I (A) und I (B) eingesetzt, so folgt allgemeingültig

$$- \mathrm{div}\,\mathfrak{S} = \frac{\partial a}{\partial t} + \mathfrak{E}\,\varrho\,\mathfrak{v}. \tag{19}$$

Es gibt demnach nur zweierlei Quellen ums Senken des elektromagnetischen Energieflusses: Diejenigen Stellen, an denen sich die Dichte des elektromagnetischen Feldes verändert und diejenigen Stellen, an welchen sich innerhalb eines elektrischen Feldes Elektrizität in Bewegung befindet.

Wir nehmen nun an, daß nur Polarisationselektrizität vorhanden sei und daß wegen deren langsamen Bewegung die Energie des magnetischen Feldes vernachlässigt werden kann. Dann nimmt die vorstehende Gleichung die Form an

$$- \mathrm{div}\,\mathfrak{S} = \mathfrak{E}\left(\frac{\partial \mathfrak{E}}{\partial t} + \varrho_P\,\mathfrak{v}_P\right). \tag{20}$$

Wird für den eingeklammerten Ausdruck $\partial \mathfrak{D}/\partial t$ aus I (2) eingeführt, so folgt

$$- \mathrm{div}\,\mathfrak{S} = \mathfrak{E}\,\frac{\partial \mathfrak{D}}{\partial t}. \tag{21}$$

Diesem Ausdruck gemäß wäre die in einem Punkte eines Dielektrikums bestehende Energiedichte gleich

$$\frac{1}{2}\, \mathfrak{E}\, \mathfrak{D} = \frac{1}{2}\, \varepsilon\, \mathfrak{E}^2 \qquad (22)$$

und es erhebt sich die Frage, wie sich dieser Betrag mit der durch II (18) angegebenen Energiedichte des elektrischen Feldes verträgt. Die Lösung ergibt sich aus der Bildung des inneren Produktes zwischen den Ausdrücken der Gleichung I (2) und der elektrischen Feldstärke

$$\mathfrak{E}\, \frac{\partial\, \mathfrak{D}}{\partial\, t} = \mathfrak{E}\, \frac{\partial\, \mathfrak{E}}{\partial\, t} + \mathfrak{E} \cdot \varrho_P\, \mathfrak{v}_P. \qquad (23)$$

Die einem Dielektrikum zufließende Energie dient teilweise dem Energiebedarf des elektrischen Makrofeldes, teilweise aber der Verschiebung der Polarisationselektrizität und der Herstellung des entsprechenden Spannungszustandes. In aller Schärfe muß festgehalten werden, daß die mit dem Spannungszustand des Dielektrikums verknüpfte Energie nicht dem elektrischen Makrofeld als solchem angehört und daher auch nicht in dessen Ausdruck für die Energiedichte eingeht. Durch diesen offenbar durchaus plausiblen Sachverhalt wird der drohende Widerspruch zwischen Energie-Einfließen in ein Volumelement und der dann daselbst befindlichen Energie des elektrischen Makrofeldes beseitigt.

Der *Kraftangriff*, den die Elektrizität seitens des elektrischen und magnetischen Feldes erfährt, ist durch I (G) vollständig angegeben. Es gilt also in voller Allgemeinheit für das elektrische Feld allein

$$\mathfrak{f}_{el} = \varrho\, \mathfrak{E} = \mathfrak{E}\, \mathrm{div}\, \mathfrak{E}. \qquad (24)$$

Durch Spaltung der Elektrizität in die „wahre" und in die Polarisationselektrizität wird auch der Kraftangriff in die beiden Teilkräfte auf die wahre und die Polarisationselektrizität unterteilt. Weitere Kräfte treten im elektrischen Feld nicht auf.

Wird in der vorstehenden Gleichung der Ausdruck für ϱ aus II (17b) eingeführt, so folgt

$$\mathfrak{f}_{el} = \frac{\varrho_{wa}}{\varepsilon}\,\mathfrak{E} - \frac{\nabla\varepsilon}{\varepsilon}\,\mathfrak{E}^2 \qquad\qquad (25\,a)$$

oder

$$\mathfrak{f}_{el} = \varrho_{wa}\,\mathfrak{E} - \left(\frac{\varepsilon-1}{\varepsilon}\,\varrho_{wa} + \frac{\nabla\varepsilon}{\varepsilon}\,\mathfrak{E}\right)\mathfrak{E}, \qquad (25\,b)$$

wobei das erste Glied der rechten Seite von (25 b) die Kraft auf die wahre, das zweite die Kraft auf die Polarisationselektrizität bedeutet.

Zur Ermittlung der *Maxwellschen Spannungen* ist II (24) umzuformen. Für die x-Komponente der Kraft auf die Elektrizität ergibt sich

$$i\,\mathfrak{E}\,\operatorname{div}\mathfrak{E} = \mathfrak{E}_x\frac{\partial\mathfrak{E}_x}{\partial x} + \mathfrak{E}_x\frac{\partial\mathfrak{E}_y}{\partial y} + \mathfrak{E}_x\frac{\partial\mathfrak{E}_z}{\partial z}.$$

Nun ist

$$\mathfrak{E}_x\frac{\partial\mathfrak{E}_y}{\partial y} = \frac{\partial\mathfrak{E}_x\mathfrak{E}_y}{\partial y} - \mathfrak{E}_y\frac{\partial\mathfrak{E}_x}{\partial y};$$

ferner gilt hier voraussetzungsgemäß rot $\mathfrak{E} = 0$, also

$$\frac{\partial\mathfrak{E}_x}{\partial y} = \frac{\partial\mathfrak{E}_y}{\partial x};$$

Die x-Komponente von $\mathfrak{E}\,\operatorname{div}\mathfrak{E}$ lautet schließlich

$$i\,\mathfrak{f}_{el} = \frac{1}{2}\cdot\frac{\partial(\mathfrak{E}_x^2 - \mathfrak{E}_y^2 - \mathfrak{E}_z^2)}{\partial x} + \frac{\partial\mathfrak{E}_x\mathfrak{E}_y}{\partial y} + \frac{\partial\mathfrak{E}_x\mathfrak{E}_z}{\partial z}.$$

Für die Maxwellschen Spannungen ergeben sich daher folgende Ausdrücke:

$$2\,\mathrm{T}_{el\,xx} = \mathfrak{E}_x^2 - \mathfrak{E}_y^2 - \mathfrak{E}_z^2 \qquad\qquad (26\,a)$$

$$2\,\mathrm{T}_{el\,yy} = \mathfrak{E}_y^2 - \mathfrak{E}_z^2 - \mathfrak{E}_x^2 \qquad\qquad (26\,b)$$

$$2\,\mathrm{T}_{el\,zz} = \mathfrak{E}_z^2 - \mathfrak{E}_x^2 - \mathfrak{E}_y^2 \qquad\qquad (26\,c)$$

$$\mathrm{T}_{el\,xy} = \mathrm{T}_{el\,yx} = \mathfrak{E}_x\,\mathfrak{E}_y \qquad\qquad (26\,d)$$

$$\mathrm{T}_{el\,yz} = \mathrm{T}_{el\,zy} = \mathfrak{E}_y\,\mathfrak{E}_z \qquad\qquad (26\,e)$$

$$\mathrm{T}_{el\,zx} = \mathrm{T}_{el\,xz} = \mathfrak{E}_z\,\mathfrak{E}_x. \qquad\qquad (26\,f)$$

Es wird somit für das elektrische Feld, hier aber in voller Allgemeinheit

$$\mathfrak{f}_{el} = \mathfrak{E}\,\operatorname{div}\mathfrak{E} = \nabla\,\mathrm{T}_{el}. \qquad\qquad (27)$$

Es liegt die Frage nahe, ob es möglich ist, die Maxwell-schen Spannungen so zu unterteilen, daß mit ihrer Hilfe die Kräfte auf die wahre und die Polarisationselektrizität getrennt angegeben werden können. Hierzu wäre erforderlich auch die Ausdrücke

$$\mathfrak{E} \operatorname{div} \varepsilon \, \mathfrak{E} \quad \text{und} \quad - \mathfrak{E} \operatorname{div} (\varepsilon - 1) \, \mathfrak{E}$$

je als Ableitung eines Tensors zu entwickeln.

Wird die Kraft auf die wahre Elektrizität mit $\mathfrak{f}_{el\,wa}$ bezeichnet, so gilt

$$\mathfrak{f}_{el\,wa} = \mathfrak{E} \operatorname{div} \varepsilon \, \mathfrak{E} = \varepsilon \, \mathfrak{E} \operatorname{div} \mathfrak{E} + \mathfrak{E}^2 \, \nabla \, \varepsilon$$

und wie der Vergleich mit II (27) zeigt

$$\mathfrak{f}_{el\,wa} = \varepsilon \, \nabla \, \mathsf{T}_{el} + \mathfrak{E}^2 \, \nabla \, \varepsilon. \tag{28}$$

Der Ausdruck auf der rechten Seite läßt sich nun nicht als räumliche Ableitung eines Tensors darstellen. Nur für den Fall räumlich konstanter DK wird

$$\mathfrak{f}_{el\,wa,\, \varepsilon\,\mathrm{konst.}} = \varepsilon \, \nabla \, \mathsf{T}_{el}, \tag{29}$$

womit sich die Maxwellschen Spannungen der unveränderten Maxwellschen Theorie ergeben. Diese beziehen sich demnach auf die Kraft, welche die wahre Elektrizität vom elektrischen Feld erfährt, wobei jedoch räumlich konstante DK vorausgesetzt ist.

Diese Beschränkung und die Tatsache, daß sich die Kraft auf die wahre Elektrizität nicht allgemein als Ableitung eines Tensors darstellen läßt, haben einen triftigen Grund, der sich aus folgender Überlegung ergibt:

Die Darstellung des Kraftangriffes durch die räumliche Ableitung eines Tensors hat zur Folge, daß sich der Kraftangriff auf ein Volumen mittels Oberflächenintegrals angeben läßt. Nun kann den Feldwerten einer Oberfläche nicht entnommen werden, ob sie von wahrer oder Polarisationselektrizität stammen, da beide Elektrizitäten in bezug auf das mit ihnen verknüpfte elektrische Feld gleichberechtigt sind. Eine allgemeine Darstellung des Kraftangriffes auf die im Volumen enthaltene wahre Elektrizität und Polarisationselektrizität durch ein Oberflächenintegral ist daher ausgeschlossen, woraus folgt, daß ein entsprechender Tensor nicht angegeben werden kann. Bei räumlich konstanter DK dagegen besteht zwischen der wahren und der Polarisationselektrizität eine feste Relation, die einen eindeutigen Rückschluß aus den Oberflächenwerten des elektrischen Feldes auf die Quote der beiden Elektrizitätsmengen und damit auf diese einzeln gestattet.

Es ist hauptsächlich die Kraft auf die wahre Elektrizität, die nach außen in Erscheinung tritt und im statischen Feld durch äußere mechanische Kräfte kompensiert werden muß; nnr diese wird von der unveränderten Maxwellschen Theorie berücksichtigt. Im Gegensatz hierzu geben die Maxwellschen Spannungen der Variante die Kraft auf die gesamte Elektrizität allgemeingültig an, doch tritt im allgemeinen nur der auf die wahre Elektrizität wirkende Teil dieser Kraft nach außen merklich auf, während der auf die Polarisationselektrizität wirkende Anteil durch einen inneren Spannungszustand des Dielektrikums kompensiert werden kann.

Wird die Voraussetzung, daß die DK feldunabhängig sei, aufgelassen, so werden alle bisherigen Gleichungen, welche diese Größe enthalten, hinfällig. Die Beziehungen II (8) und II (10) werden zu einer Form ohne Inhalt und wären durch andere Angaben über das Verhalten des Dielektrikums zu ersetzen; doch reichen, wie bemerkt, solche Versuche im Rahmen einer Kontinuumstheorie nicht weit.

Hinsichtlich allgemeiner Dielektrika sei nur noch auf folgende beiden Punkte hingewiesen.

Da I (2) keinen Bezug auf die Materie enthält, kann diese Gleichung offenbar für jedes Dielektrikum gelten. Wird über die Zeit integriert und dabei zu einem Zeitpunkt begonnen, in welchem $\mathfrak{E}$ und $\mathfrak{v}_p$ gleich Null sind, so ist dadurch der Vektor $\mathfrak{D}$ allgemein definiert. Trotzdem kann, wie schon bemerkt, diesem Vektor nur der Charakter einer Rechengröße zugebilligt werden, da er aus zwei ganz heterogenen Bestandteilen besteht, der elektrischen Feldstärke und der Verschiebung der Polarisationselektrizität besteht.

Auch II (21) ist ohne Bezug auf Materie abgeleitet und gilt daher für beliebige Dielektrika. Wird bei einem periodischen Vorgang über ein Volumen V und eine Periode integriert, so gibt das Integral

$$ -\int\limits_{V}\int\limits_{T} \operatorname{div} \mathfrak{S}\, dv\, dt = \int\limits_{V}\int\limits_{T} \mathfrak{E}\, \frac{\partial \mathfrak{D}}{\partial t}\, dv\, dt \qquad (30) $$

die Leistungsbilanz, also die dielektrische Hysteresiswärme an.

Alle im vorstehenden abgeleiteten Folgerungen ergeben sich aus den beiden zu Grunde gelegten Prämissen: Den Grundgleichungen I (A) bis I (G) und den speziellen Annahmen über das Dielektrikum. Soweit eine konstante DK vorausgesetzt wird, handelt es sich um eine zunächst rein analytisch gemeinte Annahme, die jedoch wohl als einzige eine genauere Darstellung der Vorgänge gestattet und als erste Annäherung an das wirkliche Materialverhalten dienen kann. Die Erfassung allgemeinen Materials ist im Rahmen einer Kontinuitätstheorie nicht möglich. Die Theorie muß sich hier auf die Darstellung der grundlegenden Zusammenhänge beschränken. Das Fundament der Variante bleibt aber im Gegensatz zu dem der unveränderten Maxwellschen Theorie von den speziellen Annahmen über das Materialverhalten unberührt.

Ein Wort sei über die Dielektrizitätskonstante gesagt. Diese Größe, die im Rahmen der unveränderten Maxwellschen Theorie als eine fundamentale angesehen wird, spielt in der hier entwickelten Variante lediglich in der Darstellung des Verhaltens spezieller Dielektrika eine Rolle. Damit ist ihre Bedeutung aber auch erschöpft. Wollte man Dielektrika nicht linearer Charakteristik analytisch erfassen, so wären offenbar zwei oder mehrere Konstanten erforderlich oder ganz andere Ansätze. Von diesem Gesichtspunkt aus hat es keinen Sinn, dem Vakuum eine DK zuzusprechen.

III. Magnetisierbares Material

Für die Darstellung des Verhaltens magnetisierbaren Materials im magnetischen Feld gilt analoges wie für dielektrische Stoffe: Alles folgt aus den beiden Prämissen, den Grundgleichungen und den speziellen Annahmen über die im magnetischen Material enthaltenen Elektrizitätsmengen und ihre Bewegung. Während bei dielektrischen Stoffen die Vorstellung von der Verschiebung der Polarisationselektrizität ebenso der unveränderten Maxwellschen Theorie wie der Variante als Grundlage dient, so daß die Auffassung über die Vorgänge trotz aller Verschiedenheiten wesentlich unverändert bleibt, erwächst bei magnetisierbarem Material zwischen beiden Theorien durch die Einführung der Elementarströme aber ein diametraler Gegensatz.

Die Berücksichtigung der Elementarströme in den Grundgleichungen ist durch deren Aufnahme in den Ausdruck $\varrho\, v$ bereits gegeben. Von einer genaueren Annahme über die Konstitution der Elementarströme kann, wie bereits bemerkt wurde, abgesehen werden. Es genügt die Tatsache, daß es sich um Kreisströme handelt. An deren Stelle kann zur Darstellung des Makrofeldes in bekannter Weise der „freie (magnetische) Strom" gesetzt werden, der durch die Wirbel des magnetischen Makrofeldes bestimmt ist, also dasselbe magnetische Makrofeld erzeugt wie die Elementarströme und bei homogenem Material in dessen Oberfläche fließend anzunehmen ist. Im allgemeinen wird man jedoch die Vorstellung vom freien Strom nicht forcieren, sondern zweckmäßigerweise stets im Auge behalten, daß es schließlich die Elementarströme sind, welche die stofflich bedingten magnetischen Erscheinungen verursachen.

Von der Berücksichtigung der Polarisationselektrizität wird in diesem Kapitel abgesehen, so daß die Untersuchung auf den Leitungsstrom und den freien (magnetischen) Strom beschränkt bleibt.

Die Grundlage der Vorstellung besteht daher in der Voraussetzung, daß die Wirbel des quellenfreien Feldes $\mathfrak{B}$ ausschließlich durch den Leitungsstrom und den freien Strom gegeben sind. Nennen wir $\mathfrak{B}_\mathfrak{J}$ das nur vom Leitungsstrom und $\mathfrak{B}_\mathfrak{D}$ das nur vom freien Strom herrührende Teilfeld, so gilt

$$\mathfrak{B} = \mathfrak{B}_\mathfrak{J} + \mathfrak{B}_\mathfrak{D} \tag{1a}$$

bzw.

$$\operatorname{rot} \mathfrak{B} = \operatorname{rot} \mathfrak{B}_\mathfrak{J} + \operatorname{rot} \mathfrak{B}_\mathfrak{D} = \frac{1}{c}\,(\mathfrak{J} + \mathfrak{D}), \tag{1b}$$

also für den Leitungsstrom allein

$$\operatorname{rot} \mathfrak{B}_\mathfrak{J} = \frac{1}{c}\,\mathfrak{J} \tag{1c}$$

und für leitungsstromfreies Material

$$\operatorname{rot} \mathfrak{B}_\mathfrak{D} = \frac{1}{c}\,\mathfrak{D}; \tag{1d}$$

in diesem letzteren Falle rührt das magnetische Feld wie bei permanenten Magneten ausschließlich vom freien Strom her.

Für die Teilfelder gilt voraussetzungsgemäß ebenso wie für das resultierende magnetische Feld, daß sie quellenfrei sind; es ist also

$$\operatorname{div} \mathfrak{B} = \operatorname{div} \mathfrak{B}_\mathfrak{J} = \operatorname{div} \mathfrak{B}_\mathfrak{D} = 0. \tag{1e}$$

In bezug auf die Gestaltung des zugehörigen magnetischen Feldes besteht zwischen Leitungs- und freiem Strom kein Unterschied. Daher kann beispielsweise ein permanenter Magnet durch eine leitungsstromführende Spule ersetzt werden, wenn nur die Stromverteilungen in beiden Fällen einander gleich sind, also $\mathfrak{J} = \mathfrak{D}$ gilt. Die Unterschiede zwischen diesen beiden Stromarten beziehen sich auf die beim freien Strom fehlende Stromwärme und auf das Verhalten im magnetischen Feld. Während die Konfiguration des Leitungsstromes von einem solchen unabhängig ist (soferne vom Hallschen Effekt usw. abgesehen wird), unterliegt die Gestaltung des freien Stromes der Einwirkung durch das gesamte magnetische Feld; also eines äußeren, aber auch des eigenen. Die Beeinflußbarkeit ist dabei von Material zu Material verschieden; sie ist groß bei weichem Eisen und verhältnismäßig gering bei hartem Stahl.

So wie es sich bei dielektrischen Stoffen um die analytische Darstellung der wahren und der freien Elektrizität gehandelt hat, versuchen wir jetzt den Leitungsstrom und den freien Strom aus der Konfiguration des magnetischen Feldes und einer notwendigerweise expliziten Annahme über das stoffliche Verhalten zu formulieren. Zwecks Ermöglichung einer solchen Formulierung sei zunächst von jeglichem wirklichen Material abgesehen und ein zunächst rein analytisch gemeinter Ansatz zu Grund gelegt. Wir versuchen, analog dem Vorgang bei dielektrischen Stoffen, zunächst den Leitungsstrom als Rotor eines Feldes zu formulieren, das durch Multiplikation des Vektors $\mathfrak{B}$ mit einer stofflichen Konstanten $\alpha = \alpha\,(x, y, z)$ angegeben wird.

Wir setzen daher versuchsweise

$$\operatorname{rot} \alpha\,\mathfrak{B} = \frac{1}{c}\,\mathfrak{J}. \tag{2}$$

Da identisch

$$\operatorname{rot} \mathfrak{B} = \operatorname{rot} \alpha\,\mathfrak{B} - \operatorname{rot}\,(\alpha - 1)\,\mathfrak{B} \tag{3}$$

gilt, folgt unter Berücksichtigung von III (1b)

$$-\operatorname{rot}\,(\alpha - 1)\,\mathfrak{B} = \frac{1}{c}\,\mathfrak{D}. \tag{4}$$

Gleichung III (3) ist analog zu II (12b) gebaut. Da beide Gleichungen sachlich nichts miteinander zu tun haben, handelt es sich offensichtlich zunächst nicht um die Erfassung wirklichen magnetischen Materials, sondern um eine Analogie rein analytischer Art. In der Tat beruht die in der Literatur mehrfach bemerkte Analogie zwischen Ausdrücken des elektrischen und des magnetischen Feldes auf dem gewissermaßen verwandtschaftlichen Gegensatz zwischen Quelle und Wirbel, auf dessen tiefere Bedeutung hier nicht eingegangen werden kann.

Wird

$$\mu = \frac{1}{\alpha} \tag{5}$$

eingeführt, so folgt

$$\operatorname{rot} \frac{\mathfrak{B}}{\mu} = \frac{1}{c}\,\mathfrak{J} \tag{6a}$$

und

$$\operatorname{rot} \frac{\mu-1}{\mu}\,\mathfrak{B} = \frac{1}{c}\,\mathfrak{D}; \tag{6b}$$

die Einführung

$$\mathfrak{H} = \frac{\mathfrak{B}}{\mu} \tag{7}$$

ergibt

$$\operatorname{rot} \mathfrak{H} = \frac{1}{c}\,\mathfrak{J}, \tag{8}$$

in formaler Übereinstimmung mit der unveränderten Maxwellschen Theorie. Als nur formaler Art muß die Übereinstimmung deshalb bezeichnet werden, da $\mathfrak{H}$ hier lediglich dem Zwecke der Darstellung des Leitungsstromes aus der Verteilung des magnetischen Feldes und des magnetisierbaren Materials dient. Das Feld $\mathfrak{H}$ besitzt gemäß

$$\operatorname{div} \mathfrak{H} = \operatorname{div} \frac{\mathfrak{B}}{\mu} = \mathfrak{B}\,\nabla\,\frac{1}{\mu} \tag{9}$$

Quellen, die jedoch im Rahmen der hier entwickelten Auffassung keinerlei physikalischen Sinn haben. Das Auftreten dieser Quellen im magnetischen Feld ist durch die Einführung einer stofflichen Konstanten bedingt und deren bloß formale Begleiterscheinung; analog den Wirbeln von $\mathfrak{D}$ im elektrostatischen Feld.

$\mathfrak{H}$ *ist demnach im Sinne der Variante eine reine Rechengröße.* Hiermit steht in Übereinstimmung, daß dieses Feld an sich nicht gemessen werden kann, da die Theorie hierzu keine Unterlage bietet, und zwar weder die unveränderte Maxwellsche Theorie noch die Variante. Nur wenn $\mathfrak{H} = \mathfrak{B}$, wird durch die Messung von $\mathfrak{B}$ auch $\mathfrak{H}$ ermittelt.

Auf einen wesentlichen, durch die Einführung der Elementarströme bedingten Unterschied zwischen der unveränderten Maxwellschen Theorie und der Variante sei hingewiesen. Gemäß der ersteren gilt allgemein und daher auch im Luftraum

$$\mathfrak{H} = \mathfrak{B}_\mathfrak{J} + q, \qquad (10)$$

wenn q den Quellenfeldanteil von $\mathfrak{H}$ darstellt; gemäß der letzteren gilt III (1a). Da in Luft

$$\mathfrak{H} = \mathfrak{B}$$

so folgt aus III (1a) und III (10) für den Luftraum

$$\mathfrak{B}_\mathfrak{H} = q.$$

Das Zusatzfeld, welches das vom Leitungsstrom herrührende magnetische Teilfeld $\mathfrak{B}_\mathfrak{J}$ im Luftraum zu $\mathfrak{B}$ ergänzt, stammt nach der Auffassung der unveränderten Maxwellschen Theorie von Quellen, nach Auffassung der Variante von Wirbeln. Daß beide einander widersprechende Auffassungen ohne die Möglichkeit einer sofortigen Entscheidung nebeneinander bestehen können, beruht auf dem Umstande, daß ein quellen- und wirbelfreies Vektorfeld eines Raumteiles, hier des Luftraumes — analytisch sowohl von Quellen als auch von Wirbeln, die sich in einem andern Raumteil — hier im magnetischen Material — befinden, abgeleitet werden kann. Daß das Feld $\mathfrak{H}$ einer Messung und experimentellen Ermittlung unzugänglich ist, wurde bereits bemerkt.

Wir entwickeln

$$\operatorname{rot} \frac{\mathfrak{B}}{\mu} = \frac{1}{\mu} \operatorname{rot} \mathfrak{B} + \left(\nabla \frac{1}{\mu} \times \mathfrak{B} \right) = \frac{1}{c} \mathfrak{J} \qquad (11)$$

und führen darin $\mathfrak{J} + \mathfrak{O}$ an Stelle von c rot $\mathfrak{B}$ ein. Dann folgt für den freien (magnetischen) Strom

$$\mathfrak{O} = (\mu - 1) \mathfrak{J} - c\,\mu \left(\nabla \frac{1}{\mu} \times \mathfrak{B} \right) \qquad (12\,\mathrm{a})$$

und

$$\mathfrak{J} + \mathfrak{O} = \mu\,\mathfrak{J} - c\,\mu \left(\nabla \frac{1}{\mu} \times \mathfrak{B} \right) = \mu\,\mathfrak{J} + c\,(\nabla \mu \times \mathfrak{H}). \qquad (12\,\mathrm{b})$$

Im Innern homogenen, unendlich ausgedehnten Eisens wird der Leitungsstrom durch das Auftreten des freien (magnetischen) Stromes anscheinend auf das μ-fache verstärkt, was in demselben Ausmaße auch für das Feld $\mathfrak{B}$ gilt. (Die unveränderte Maxwellsche Theorie erklärt diese Erscheinung durch die erhöhte „Permeabilität" des Eisens bei gleichem $\mathfrak{H}$.)

Bei leitungsstromfreien Material gilt nach III (12a)

$$\frac{1}{c}\,\mathfrak{D} = \mathrm{rot}\,\mathfrak{B} = -\,\mu\,\nabla\,\frac{1}{\mu}\,\times\,\mathfrak{B} = \nabla\,\mu\,\times\,\mathfrak{H}, \qquad (12\,c)$$

woraus

$$\mathfrak{B}\,\mathrm{rot}\,\mathfrak{B} = 0 \qquad\qquad (13)$$

folgt.

Es liege nun im magnetischen Feld ein Flächenstück so, daß es sowohl vom Leitungsstrom $\mathfrak{J}$ als auch von freiem Strom $\mathfrak{D}$ durchsetzt werde. Dann folgt durch Integration über das Flächenstück unter Verwendung von III (1), III (6), III (7) und des Satzes von Stokes für den Umlauf über die Berandung des Flächenstückes

$$\mathrm{I} = \int_{F} \mathfrak{J}\,\mathrm{d}\mathfrak{f} = c\oint \mathfrak{B}_{\mathfrak{J}}\,\mathrm{d}\mathfrak{s} = c\oint \frac{\mathfrak{B}}{\mu}\,\mathrm{d}\mathfrak{s} = c\oint \mathfrak{H}\,\mathrm{d}\mathfrak{s} \qquad (14\,a)$$

$$\mathrm{O} = \int_{F} \mathfrak{D}\,\mathrm{d}\mathfrak{f} = c\oint \mathfrak{B}_{\mathfrak{D}}\,\mathrm{d}\mathfrak{s} = c\oint \frac{\mu-1}{\mu}\,\mathfrak{B}\,\mathrm{d}\mathfrak{s} \qquad (14\,b)$$

$$\mathrm{I} + \mathrm{O} = \int_{F} (\mathfrak{J} + \mathfrak{D})\,\mathrm{d}\mathfrak{f} = c\oint \mathfrak{B}\,\mathrm{d}\mathfrak{s}. \qquad (14\,c)$$

Die Berandung des Flächenstückes kann dabei sowohl durch Luft als auch durch das magnetische Material laufen. Die entsprechende Unterteilung des Umlaufintegrals in den Teil, der in Luft und in den Teil, der in Eisen liegt, ergibt, wenn beachtet wird, daß in Luft $\mu = 1$

$$\frac{1}{c}\int_{F} \mathfrak{J}\,\mathrm{d}\mathfrak{f} = \int_{\mathrm{Luft}} \mathfrak{B}\,\mathrm{d}\mathfrak{s} + \int_{\mathrm{Eisen}} \frac{\mathfrak{B}}{\mu}\,\mathrm{d}\mathfrak{s} \qquad (15\,a)$$

$$\frac{1}{c}\int_{F} \mathfrak{D}\,\mathrm{d}\mathfrak{f} = \int_{\mathrm{Eisen}} \frac{\mu-1}{\mu}\,\mathfrak{B}\,\mathrm{d}\mathfrak{s}. \qquad (15\,b)$$

Der Leitungsstrom liefert demnach gemäß III (15a) einen Beitrag an magnetisierender Kraft (Amperewindungen), der gleich ist dem zur Magnetisierung der Luftstrecke erforderlichen plus einem Teil des zur Magnetisierung der Eisenstrecke nötigen. Denjenigen Beitrag, der gleich ist dem für das Eisen erforderlichen Rest, liefert der freie Strom! Dessen Anteil wird um so größer, je höher die magnetische Permeabilität liegt.

Bei unendlich großer Permeabilität gilt

$$\frac{1}{c}\int_F \mathfrak{J}\, d\mathfrak{f} = \int_{\text{Luft}} \mathfrak{B}\, d\mathfrak{s} \tag{16a}$$

$$\frac{1}{c}\int_F \mathfrak{D}\, d\mathfrak{f} = \int_{\text{Eisen}} \mathfrak{B}\, d\mathfrak{s}; \tag{16b}$$

der vom Leitungsstrom herrührende Magnetisierungsanteil ist gleich dem für die Magnetisierung der Luftstrecke erforderlichen, der vom freien Strom herrührende gleich dem für das magnetische Material nötigen.

Dieses Ergebnis bedeutet eine von der üblichen vollkommen abweichende Auffassung. Nach der letzteren ist etwa Eisen mit unendlich großer Permeabilität für das magnetische Feld vollkommen durchlässig und bedarf zu seiner Magnetisierung keiner Amperewindungen. Die hier gefolgerte Auffassung ist eine gänzlich andere. Nach dieser unterstützen die im Eisen enthaltenen Elementarströme das äußere magnetische Feld in einem solchen Ausmaße, daß bei unendlich hoher magnetischer Permeabilität die Magnetisierung des Eisens — genauer: ein Beitrag, der dem hierzu erforderlichen gleich ist — von den Elementarströmen geleistet wird.

Grenzen zwei Stoffe der magnetischen Permeabilitäten μ_1 bzw. μ_2 in einer Fläche aneinander, so ist die Flächendichte des freien Stromes durch den Ausdruck

$$\frac{1}{c}\,|\mathfrak{D}'| = \frac{\mu_2-1}{\mu_2}\,\mathfrak{B}_{t2} - \frac{\mu_1-1}{\mu_1}\,\mathfrak{B}_{t1} =$$

$$= (\mu_2-1)\,\mathfrak{H}_{t2} - (\mu_1-1)\,\mathfrak{H}_{t1} \qquad (17a)$$

gegeben, der aus III (6b) folgt.

Für einen flächenhaften Leitungsstrom in der Fläche gälte analog, wie sich aus III (6a) ergibt,

$$\frac{1}{c}\,|\mathfrak{J}'| = \frac{\mathfrak{B}_{t2}}{\mu_2} - \frac{\mathfrak{B}_{t1}}{\mu_1} = \mathfrak{H}_{t2} - \mathfrak{H}_{t1}, \qquad (17b)$$

und für die Summe beider Ströme

$$\frac{1}{c}\{|\mathfrak{J}'| + |\mathfrak{D}'|\} = \mathfrak{B}_{t2} - \mathfrak{B}_{t1}. \qquad (17c)$$

Fließt kein Leitungsstrom, so ist

$$\frac{\mathfrak{B}_{t2}}{\mu_2} = \frac{\mathfrak{B}_{t1}}{\mu_1} = \mathfrak{H}_{t2} = \mathfrak{H}_{t1} = \mathfrak{H}_t. \qquad (18)$$

Die Tangentialkomponente von $\mathfrak{H}$ tritt hier stetig durch die Fläche. Da dasselbe wegen der Quellenfreiheit des magnetischen Feldes auch von der Normalkomponente von $\mathfrak{B}$ gilt, folgt wie im elektrischen Feld auch hier aus diesen Prämissen das Brechungsgesetz der magnetischen Feldlinien in Übereinstimmung mit dem der unveränderten Maxwellschen Theorie.

Wir betrachten nun einen magnetischen Kreis, etwa einen Ring, ein Toroid, aus weichem Eisen mit zeitlich und räumlich konstanter magnetischer Permeabilität. Die Erregung erfolge durch eine gleichmäßig gewickelte, stromführende Spule. Der in diesem Falle an der Eisenoberfläche auftretende freie Strom umkreist das Ringvolumen gleichsinnig mit dem Leitungsstrom.

Werden innerhalb des Toroidvolumens die Umlaufintegrale gemäß den Gleichungen III (14) gebildet, wird ferner mit J_s der Spulenstrom, mit w die Windungszahl der Spule und mit O der gesamte mit dem Toroid verkettete freie (magnetische) Strom bezeichnet, so folgt unter der Voraussetzung konstanter magnetischer Permeabilität aus III (12b), da der Betrag von $\mathfrak{B}$ konstant bleibt,

$$\mathrm{w}\, J_s + O = \mu \cdot \mathrm{w}\, J_s. \tag{19}$$

Der freie Strom an der Eisenoberfläche oder die Elementarströme im Eiseninneren verstärken die magnetisierende Kraft des Leitungsstromes auf das μ-fache. Auf dieser Verstärkung beruht die ungeheure Anwendung des Eisens in elektrischen Maschinen, Apparaten usw. Es ist letzten Endes eine Relaiswirkung großen Stiles, die hier zur Anwendung kommt, da der freie (magnetische) Strom oder die Elementarströme vom magnetischen Feld des Leitungsstromes gesteuert werden.

Die *Energiedichte des magnetischen Feldes* ist gemäß I (E) durch den Ausdruck

$$\alpha_{\mathrm{m}} = \frac{1}{2}\, \mathfrak{B}^2 \tag{20}$$

gegeben.

Werden in II (19) nur der Leitungs- und der freie Strom berücksichtigt, so ist

$$-\operatorname{div} \mathfrak{S} = \frac{\partial\, \mathrm{a}}{\partial\, \mathrm{t}} + \mathfrak{E}\,(\mathfrak{J} + \mathfrak{D}). \tag{21}$$

Die Quellen und Senken des elektromagnetischen Energieflusses sind gemäß dem ersten Glied der rechten Seite durch die Veränderung der Energiedichte, gemäß dem zweiten Glied durch den Leitungs- und den freien Strom gegeben, soferne beide in einem elektrischen Feld liegen. Diese beiden letzteren Energieflußquellen sollen näher betrachtet werden.

Wird in dem Ausdruck für die Leistung $\mathfrak{E}\,\mathfrak{J}$ aus der Grundgleichung $\mathfrak{E} = \sigma\,\mathfrak{J}$ der unveränderten Maxwellschen Theorie $\mathfrak{E}$ übernommen, so folgt

$$\mathfrak{E}\,\mathfrak{J} = \sigma\,\mathfrak{J}^2.$$

Es könnte demnach scheinen, als ob $\mathfrak{E}\,\mathfrak{J}$ lediglich die Stromwärme anzeigte. Die genauere Analyse zeigt jedoch folgenden Sachverhalt.

Wird das elektrische Feld in sein Quellen- und sein Wirbel-feld

$$\mathfrak{E} = \mathfrak{E}_{\text{div}} + \mathfrak{E}_{\text{rot}} \qquad (22)$$

gespalten, was nach einem Satze der Vektorrechnung stets eindeutig möglich ist, soferne das gesamte Feld betrachtet wird, so folgt

$$\mathfrak{E}\,\mathfrak{J} = \mathfrak{E}_{\text{div}}\,\mathfrak{J} + \mathfrak{E}_{\text{rot}}\,\mathfrak{J} = \sigma\,\mathfrak{J}^2. \qquad (23)$$

Da nun die Werte von $\mathfrak{E}_{\text{div}}\,\mathfrak{J}$ und $\mathfrak{E}_{\text{rot}}\,\mathfrak{J}$ wesentlich größer sein können als der von $\mathfrak{E}\,\mathfrak{J}$ (wie es beispielsweise in den Starkstromtransformatoren normalerweise der Fall ist), weisen sie in diesem Falle wesentlich größere Beträge auf als die Stromwärme, die hier nur die kümmerliche Bilanz zweier entgegengesetzt verlaufender energetischer Vorgänge darstellt. Diese entgegengesetzt verlaufenden energetischen Vorgänge sind durch die beiden Energieteilflüsse

$$c\,\mathfrak{E} \times \mathfrak{B} = c\,(\mathfrak{E}_{\text{div}} \times \mathfrak{B}) + c\,(\mathfrak{E}_{\text{rot}} \times \mathfrak{B}) \qquad (24)$$

bedingt, die sich aus der Spaltung III (22) ergeben.

Betrachten wir beispielsweise die Energiebewegung bei Wechselstrommagnetisierung einer in Luft befindlichen Stromspule. Die zum Aufbau des magnetischen Feldes erforderliche Energie fließt der Spule gemäß dem ersten Glied der rechten Seite von III (24) entlang den Zuleitungsdrähten zu, dringt sodann in den die Spule bildenden Leiter ein, um aus diesem nach Abzug der Stromwärme gemäß dem zweiten Glied der rechten Seite von III (24) wieder in den Raum auszutreten. Die Totalsenke des elektromagnetischen Energieflusses entspricht daher der Stromwärme.

Das gleiche haben wir aber auch für den Ausdruck $\mathfrak{E}\,\mathfrak{D}$ anzunehmen, da $\mathfrak{J}$ und $\mathfrak{D}$ zwei grundsätzlich gleichberechtigte Elektrizitätsbewegungen darstellen. Wenn $\mathfrak{E}\,\mathfrak{D}$ eine Teilquelle des elektromagnetischen Energieflusses bedeutet, so kann jedoch dabei keinerlei Energie von außen zugeführt werden. *Es muß vielmehr angenommen werden, daß diese*

Energie aus dem freien (magnetischen) Strom, also aus den Elementarströmen, demnach aus der Materie stammt! Genauere Annahmen über den Mechanismus dieses Vorganges brauchen jedoch hier innerhalb der Theorie des Makrobereiches nicht getroffen zu werden.

Zur quantitativen Ermittlung werde

$$\frac{1}{c}\,\mathfrak{E}\,\mathfrak{J} = \mathfrak{E}\,\mathrm{rot}\,\mathfrak{B}_{\mathfrak{J}} = -\mathrm{div}\,(\mathfrak{E} \times \mathfrak{B}_{\mathfrak{J}}) + \mathfrak{B}_{\mathfrak{J}}\,\mathrm{rot}\,\mathfrak{E} \qquad (25)$$

entwickelt. Unter Verwendung der zweiten Maxwellschen Gleichung und des Satzes von Gauß folgt bei Integration über den ganzen Raum

$$\int\limits_{v_\infty} \mathfrak{E}\,\mathfrak{J}\,\mathrm{dv} = -\int\limits_{v_\infty} \mathfrak{B}_{\mathfrak{J}}\,\frac{\partial\,\mathfrak{B}}{\partial\,\mathrm{t}}\,\mathrm{dv} \qquad (26)$$

als der vom Leitungsstrom gelieferte Leistungsbeitrag.

Da nach III (10)

$$\mathfrak{B}_{\mathfrak{J}} = \mathfrak{H} - \mathrm{q}$$

gilt, q ein reines Quellenfeld darstellt und die Integration über den ganzen Raum erfolgt, kann III (26) auch in der Form

$$-\int\limits_{v_\infty} \mathfrak{E}\,\mathfrak{J}\,\mathrm{dv} = \int\limits_{v_\infty} \mathfrak{H}\,\frac{\partial\,\mathfrak{B}}{\partial\,\mathrm{t}}\,\mathrm{dv} \qquad (27)$$

geschrieben werden.

Wird in III (26) $\mathfrak{B} - \mathfrak{B}_{\mathfrak{H}}$ an Stelle von $\mathfrak{B}_{\mathfrak{J}}$ eingeführt, so folgt bei Integration über die Periode T eines oszillierenden Vorganges, da $\mathfrak{B}^2$ einen oszillierenden Wert bedeutet,

$$\iint\limits_{v_\infty T} \mathfrak{E}\,\mathfrak{J}\,\mathrm{dv}\,\mathrm{dt} = -\iint\limits_{v_\infty T} \mathfrak{B}_{\mathfrak{J}}\,\frac{\partial\,\mathfrak{B}}{\partial\,\mathrm{t}}\,\mathrm{dv}\,\mathrm{dt} =$$

$$= \iint\limits_{v_\infty T} \mathfrak{B}_{\mathfrak{H}}\,\frac{\partial\,\mathfrak{B}}{\partial\,\mathrm{t}}\,\mathrm{dv}\,\mathrm{dt} = -\iint\limits_{v_\infty T} \mathfrak{E}\,\mathfrak{H}\,\mathrm{dv}\,\mathrm{dt}. \qquad (28)$$

Die Gleichungen III (26) bis III (28) können offenbar dahingehend gedeutet werden, daß die für die Hysteresiswärme erforderliche elektromagnetische Energie mittels des Leitungsstromes von außen zugeführt und vom freien Strom übernommen wird.

Wird Konstanz der magnetischen Permeabilität vorausgesetzt, so nimmt III (27) die Form an

$$-\int\limits_{v_\infty} \mathfrak{E}\,\mathfrak{J}\,dv = \frac{1}{2}\int\limits_{v_\infty} \frac{1}{\mu}\,\frac{\partial\,\mathfrak{B}^2}{\partial\,t}\,dv, \tag{29a}$$

aus der mit III (28) auch

$$-\int\limits_{v_\infty} \mathfrak{E}\,\mathfrak{D}\,dv = \frac{1}{2}\int\limits_{v_\infty} \frac{\mu-1}{\mu}\,\frac{\partial\,\mathfrak{B}^2}{\partial\,t}\,dv \tag{29b}$$

folgt.

Die energetischen Verhältnisse liegen bei magnetisierbarem Material anders als bei dielektrischem. Während das letztere von außen zugeführte Energie aufspeichert und wieder abgibt, liefert magnetisierbares Material primär Energie in das magnetische Feld und nimmt diese Energie bei Verschwinden des Feldes wieder auf. Dieser Unterschied hängt mit dem Umstand zusammen, daß bei ferromagnetischem Material α in III (5) kleiner als Eins ist, während die analoge Konstante, ε in II (9b), Werte größer als Eins besitzt.

Befinden sich in einem Volumen Luft und magnetisierbares Material, etwa Eisen, bei dem angenähert Konstanz der magnetischen Permeabilität angenommen werden darf, so ergeben die vorstehenden Gleichungen folgende Anteile an der Feldenergie:

Für das Luftvolumen ergibt sich durch Integration der rechten Seiten von III (29a) bzw. III (29b), wobei die linken Seiten die Herkunft der Energie angeben,

$$A_{m\,\text{Luft}} = \frac{1}{2}\int\limits_{v\,\text{Luft}} \mathfrak{B}^2\,dv \tag{30}$$

$$\underbrace{\qquad\qquad\qquad}_{\substack{\text{Energiebetrag} \\ \text{vom Leitungsstrom geliefert gemäß III (29a)}}}$$

die Integration über das Eisenvolumen ergibt

$$A_{m\,Eisen} = \frac{1}{2}\int\limits_{v\,Eisen} \mathfrak{B}^2\,dv = \underbrace{\frac{1}{2}\int\limits_{v\,Eisen}\frac{\mathfrak{B}^2}{\mu}\,dv}_{\substack{\text{Energie}\\ \text{vom Leitungsstrom}\\ \text{gemäß III (29a)}}} + \underbrace{\frac{1}{2}\int\limits_{v\,Eisen}\frac{\mu-1}{\mu}\,\mathfrak{B}^2\,dv}_{\substack{\text{Energie}\\ \text{vom freien Strom}\\ \text{gemäß III (29b)}}} \quad (31)$$

*Der Leitungsstrom liefert einen Energiebetrag gleich dem-
jenigen, der zur Deckung der Feldenergie des Luftraumes und
eines Teiles der Feldenergie des Eisenraumes erforderlich ist.
Den für den Eisenraum erforderlichen Energierest liefert der
freie Strom.* Dieser letztere Anteil ist um so größer, je höher
die magnetische Permeabilität liegt.

Bei unendlich großer Permeabilität gilt

$$A_{m\,Luft} = \underbrace{\frac{1}{2}\int\limits_{v\,Luft} \mathfrak{B}^2\,dv}_{\text{Energie vom Leitungsstrom}} \quad (32)$$

$$A_{m\,Eisen,\,\mu\,=\,\infty} = \underbrace{\frac{1}{2}\int\limits_{v\,Eisen} \mathfrak{B}^2\,dv}_{\text{Energie vom freien Strom}} \quad (33)$$

*In diesem Falle liefert der Leitungsstrom denjenigen Energie-
betrag, der zur Magnetisierung des Luftraumes, der freie Strom
denjenigen Energiebetrag, der zur Magnetisierung des Eisenraumes erforderlich ist!* Das Eisenvolumen mit hoher magnetischer Permeabilität nimmt *von außen* keine oder nahezu
keine Energie auf. (Die unveränderte Maxwellsche Theorie
zieht hieraus den Schluß, daß ein solches Eisenvolumen
überhaupt keine Energie enthält; eine Folgerung, die offenbar kaum als plausibel bezeichnet werden kann.)

Der *Kraftangriff im magnetischen Feld* wird vollständig
durch I (H)

$$\mathfrak{k}_m = \frac{1}{c}\,\varrho\,\mathfrak{v}\times\mathfrak{B} \quad (34)$$

angegeben, wonach diese Kraft lediglich auf derjenigen beruht, die das magnetische Feld auf in Bewegung befindliche
Elektrizität ausübt.

Werden hier nur der Leitungs- und der freie Strom berücksichtigt, so ist

$$\mathfrak{f}_m = \frac{1}{c}\,(\mathfrak{J} + \mathfrak{D}) \times \mathfrak{B} \tag{35}$$

woraus sich unter Verwendung von I (I) im statischen oder stationären Feld ergibt

$$\mathfrak{f}_m = \operatorname{rot}\mathfrak{B} \times \mathfrak{B}. \tag{36}$$

Aus III (35) und III (12b) folgt weiter

$$\mathfrak{f}_m = \frac{\mu}{c}\,(\mathfrak{J} \times \mathfrak{B}) - \mu\left(\nabla\,\frac{1}{\mu} \times \mathfrak{B}\right) \times \mathfrak{B}. \tag{37}$$

Zur Entwicklung der Maxwellschen Spannungen des magnetischen Feldes ist die rechte Seite von III (36) entsprechend umzuformen.

Es ist

$$i\,(\operatorname{rot}\mathfrak{B} \times \mathfrak{B}) = \mathfrak{B}_z\left(\frac{\partial\,\mathfrak{B}_x}{\partial\,z} - \frac{\partial\,\mathfrak{B}_z}{\partial\,x}\right) - \mathfrak{B}_y\left(\frac{\partial\,\mathfrak{B}_y}{\partial\,x} - \frac{\partial\,\mathfrak{B}_x}{\partial\,y}\right);$$

zur Umformung dienen die Entwicklungen

$$\mathfrak{B}_z\,\frac{\partial\,\mathfrak{B}_x}{\partial\,z} = \frac{\partial\,\mathfrak{B}_x\,\mathfrak{B}_z}{\partial\,z} - \mathfrak{B}_x\,\frac{\partial\,\mathfrak{B}_z}{\partial\,z},$$

$$-\,\mathfrak{B}_x\,\frac{\partial\,\mathfrak{B}_z}{\partial\,z} = \mathfrak{B}_x\,\frac{\partial\,\mathfrak{B}_x}{\partial\,x} + \mathfrak{B}_x\,\frac{\partial\,\mathfrak{B}_y}{\partial\,y} \quad (\text{da div }\mathfrak{B} = 0)$$

$$\mathfrak{B}_x\,\frac{\partial\,\mathfrak{B}_y}{\partial\,y} = \frac{\partial\,\mathfrak{B}_x\,\mathfrak{B}_y}{\partial\,y} - \mathfrak{B}_y\,\frac{\partial\,\mathfrak{B}_x}{\partial\,y},$$

so daß

$$\mathfrak{B}_z\,\frac{\partial\,\mathfrak{B}_x}{\partial\,z} = \frac{\partial\,\mathfrak{B}_x\,\mathfrak{B}_z}{\partial\,z} + \mathfrak{B}_x\,\frac{\partial\,\mathfrak{B}_x}{\partial\,x} + \frac{\partial\,\mathfrak{B}_x\,\mathfrak{B}_y}{\partial\,y} - \mathfrak{B}_y\,\frac{\partial\,\mathfrak{B}_x}{\partial\,y}.$$

Schließlich wird

$$i\,(\operatorname{rot}\mathfrak{B} \times \mathfrak{B}) = \frac{1}{2}\,\frac{\partial\,(\mathfrak{B}_x^2 - \mathfrak{B}_y^2 - \mathfrak{B}_z^2)}{\partial\,x} + \frac{\partial\,\mathfrak{B}_x\,\mathfrak{B}_y}{\partial\,y} + \frac{\partial\,\mathfrak{B}_x\,\mathfrak{B}_z}{\partial\,z}.$$

Die Tensorkomponenten lauten demnach

$$2\,T_{m\,x\,x} = \mathfrak{B}_x^2 - \mathfrak{B}_y^2 - \mathfrak{B}_z^2 \qquad (38\,\mathrm{a})$$

$$2\,T_{m\,y\,y} = \mathfrak{B}_y^2 - \mathfrak{B}_z^2 - \mathfrak{B}_x^2 \qquad (38\,\mathrm{b})$$

$$2\,T_{m\,z\,z} = \mathfrak{B}_z^2 - \mathfrak{B}_x^2 - \mathfrak{B}_y^2 \qquad (38\,\mathrm{c})$$

$$T_{m\,x\,y} = T_{m\,y\,x} = \mathfrak{B}_x\,\mathfrak{B}_y \qquad (38\,\mathrm{d})$$

$$T_{m\,y\,z} = T_{m\,z\,y} = \mathfrak{B}_y\,\mathfrak{B}_z \qquad (38\,\mathrm{e})$$

$$T_{m\,z\,x} = T_{m\,x\,z} = \mathfrak{B}_z\,\mathfrak{B}_x \qquad (38\,\mathrm{f})$$

und es gilt

$$\mathfrak{f}_m = \mathrm{rot}\,\mathfrak{B} \times \mathfrak{B} = V\,T_m. \qquad (39)$$

Die Frage, ob es möglich ist, die Tensoren für die Kraft auf den Leitungsstrom und auf den freien Strom einzeln anzugeben, muß hier aus den gleichen Gründen verneint werden wie im elektrischen Feld. Die Gleichberechtigung der im Inneren eines Volumens bestehenden Ströme gestattet nicht, aus den Oberflächenwerten des magnetischen Feldes auf die Art der vorhandenen Ströme zu schließen. Dagegen folgt analog für räumlich konstante magnetische Permeabilität

$$\mathrm{rot}\,\frac{\mathfrak{B}}{\mu} \times \mathfrak{B} = \mu\,\mathrm{rot}\,\mathfrak{H} \times \mathfrak{H},$$

woraus sich durch Vergleich mit III (36) ergibt, daß in diesem Falle für den Kraftangriff auf den Leitungsstrom ein Tensor angegeben werden kann.

Betrachten wir als Charakteristik eines ferromagnetischen Materials die Hysteresisschleife, so setzt sich die Ordinate jedes ihrer Punkte aus den beiden Komponenten $\mathfrak{B}_\mathfrak{J} + \mathfrak{B}_\mathfrak{O}$ zusammen, wobei der freie Strom den Leitungsstrom bezüglich seiner magnetisierenden Wirkung unterstützen oder ihm entgegen wirken kann. Remanenz und Koerzitivkraft sind durch die Eigenschaften des freien (magnetischen) Stromes oder der Elementarströme gegeben.

Bei der Hysteresisschleife ist zu beachten, daß sie im Sinne der hier entwickelten Theorie die magnetische Felddichte $\mathfrak{B}$ in Abhängigkeit vom magnetischen Feld $\mathfrak{B}_\mathfrak{J}$ des Leitungsstromes angibt. Da $\mathfrak{B}$ und $\mathfrak{B}_{\mathfrak{J}}$ im allgemeinen verschiedene Richtungen haben, ist die Verwendung einer solchen Anordnung zweckmäßig, bei der diese beiden Felder (und damit auch das Feld $\mathfrak{B}_{\mathfrak{H}}$) gleiche Richtung haben. Dies ist beim magnetischen Kreis der Fall. Da bei einem solchen, falls er gleichmäßig gestaltet ist, die magnetische Feldstärke $\mathfrak{H}$ keine Quellen besitzt, gilt $\mathfrak{H} = \mathfrak{B}_{\mathfrak{J}}$ und die Hysteresisschleife wird damit zu derjenigen der üblichen Auffassung. Für die Eignung permanener Magnete in speziellen Fällen ergeben sich jedoch wegen der verschiedenen Energieansätze Unterschiede, auf die jedoch hier nicht eingegangen wird.

Die magnetische Feldenergie des magnetischen Kreises wird beim Durchlaufen der Hysteresisschleife pulsierend vom Leitungs- und vom freien Strom geliefert oder abgeführt. Das diesen Vorgang gemäß III (21) mitbedingende elektrische Feld ist dabei das vom magnetischen Induktionsfluß des Kreises induzierte. Resultierend nimmt der freie Strom pro Periode Energie auf, und zwar die Hysteresiswärme, die nach III (28a) vom Leitungsstrom geliefert wird.

Es könnte scheinen, als ob die Einführung des freien (magnetischen) Stromes eine falsche Lokalisierung der Hysteresiswärme ergäbe, da der freie Strom bei homogenem Material nur an der Oberfläche auftritt, die Hysteresiswärme jedoch im Volumen.

Die Einführung des in der Oberfläche fließenden freien (magnetischen) Stromes ist wesentlich durch die Einführung einer stofflichen Konstanten, der magnetischen Permeabilität, bedingt, deren Verwendung jedoch Hysteresiswärme ausschließt. In den allgemeingültigen Gleichungen können aber offenbar die Elementarströme an Stelle des freien Stromes gesetzt werden. Daß durch die Einführung des freien Stromes Quellen und Senken des elektromagnetischen Energieflusses falsch lokalisiert werden, spielt praktisch keine Rolle und läßt sich durch gedankliches Zurückgehen auf die Elementarströme ohne weiteres beseitigen.

Daß die Einführung des freien Stromes einen Sachverhalt, der sonst weniger durchsichtig ist, sehr einfach darstellen kann, zeigt das Beispiel des Hysteresemotors. Dessen Drehmoment ergibt sich gemäß der hier entwickelten Auffassung infolge des Kraftangriffes eines äußeren magnetischen Feldes auf den in der Läuferoberfläche fließenden freien Strom, d. h. auf die im Läufer befindlichen Elementarströme.

Der Kraftangriff im magnetischen Feld ist durch III (35) oder durch III (39) vollständig und allgemein angegeben. Zur Ermittlung des Kraftangriffes auf ein System müssen daher die Feldkonfiguration und die Wirbel, der Leitungs- und der freie Strom, bekannt sein oder die Maxwellschen Spannungen an einer das System einschließenden Fläche.

In der Literatur findet sich auch die Ermittlung des Kraftangriffes aus der Energiebilanz, doch gestaltet sich diese Methode, wenn sie genau durchgeführt werden soll, verwickelt. Es handelt sich dabei darum, die Kraft aus der mechanischen Leistung bei einer angenommenen Bewegung im System zu bestimmen. Die mechanische Leistung ergibt sich aus der Veränderung der Feldenergie durch den Leitungsstrom und schließlich aus der Lieferung oder Aufnahme von Energie durch den freien Strom. Die genauere Bestimmung aller dieser Posten gestaltet sich keineswegs einfach.

Jedenfalls gilt für das magnetische Feld, daß jede hier auftretende Kraft eine solche des magnetischen Feldes auf seine Wirbel darstellt, wie die Kraft im elektrischen Feld stets durch dessen Kraftangriff auf seine Quellen gegeben ist.

Der Inhalt des vorstehenden Kapitels III beruht — so wie der des vorgegangenen — auf zwei Prämissen: Den allgemeinen Grundgleichungen des elektromagnetischen Feldes und den speziellen Annahmen über die in der Materie enthaltene Elektrizität und deren Bewegung. Wenn hierbei zur Erfassung des freien (magnetischen) Stromes eine Materialkonstante, die feldunabhängige magnetische Permeabilität, verwendet wurde, so geschah es, wie bei dielektrischen Stoffen, nicht in Ansehung wirklichen Materialverhaltens, sondern deshalb, da nur dieser einfachste Ansatz eine analytisch geschlossene Darstellung und daher auch den gewünschten Vergleich mit den Ergebnissen der unveränderten Maxwellschen Theorie erlaubt. Daß es sich hier in erster Linie nicht um die Erfassung wirklichen Materialverhaltens, sondern um mathematische Beziehungen handelt, zeigt schon die formale Analogie zwischen den Ausdrücken für dielektrische und magnetisierbare — also gänzlich verschiedene — Stoffe, deren tieferer Urgrund durch die mathematische Beziehung zwischen Wirbel und Quelle gebildet wird.

Daß die einfachste analytische Annahme über das Materialverhalten als erste Annäherung an das wirkliche Materialverhalten dienen kann, bedeutet daher nicht mehr als eine willkommene Zufälligkeit. Reichen diese einfachsten Annahmen, also feldunabhängige DK und magnetische Permeabilität, zur angenäherten Darstellung des Materialverhaltens im elektromagnetischen Feld nicht mehr aus, so wären andere Ansätze heranzuziehen; wobei es gänzlich offen steht, welcher Art diese sind, ob etwa zwei oder mehrere Konstanten an Stelle der einen zum Ziel führen oder ob der Versuch, das wirkliche Materialverhalten zu erfassen, an der analytischen Komplikation überhaupt scheitert. Daß sich die Grundgleichungen I (A) bis I (G) nur auf das elektromagnetische Feld beziehen und über die in der Materie enthaltenen Elektrizität nichts aussagen, wurde schon ausgeführt. Von dieser Seite ist daher keine Hilfe zu erwarten. In der Tat entscheidet hier lediglich die Übereinstimmung zwischen den Ergebnissen einer stofflichen ad hoc-Theorie und der Erfahrung über die Brauchbarkeit des gewählten Ansatzes. Die Variante der Maxwellschen Theorie hat dabei den besprochenen Vorzug, daß ihre Grundgleichungen von den Annahmen bezüglich des stofflichen Verhaltens gänzlich unberührt bleiben.

Angesichts der Überschätzung, welche die DK und die magnetische Permeabilität vielfach finden, sei ausdrücklich betont, daß alle Untersuchungen, die feldunabhängiges ε und μ verwenden, im Rahmen der gesamten Theorie nur eine sehr untergeordnete Bedeutung besitzen, da diese Materialwerte lediglich die ersten primitiven Behelfe zur Erfassung des Materialverhaltens darstellen und nicht die geringste tiefere Bedeutung haben. Dem Vakuum eine magnetische Permeabilität (so wie eine DK) zuzuschreiben, hat im Rahmen der Variante keinen Sinn.

IV. Das allgemeine elektromagnetische Feld

Die Untersuchungen sollen nun auf das allgemeine elektromagnetische Feld ausgedehnt werden, wobei jedoch nur solche Punkte zur Erörterung gelangen, die in den beiden Theorien, der unveränderten Maxwellschen Theorie und der Variante, verschiedenen Auffassungen unterliegen.

Für das kontinuierliche elektromagnetische Feld des Vakuums ergeben beide Theorien dieselben Gleichungen, so daß nicht weiter darauf eingegangen wird. Nur der Kraftangriff daselbst erfordert eine Betrachtung, da der Ansatz der unveränderten Maxwellschen Theorie bekanntlich nicht richtig ist und eine Kraftwirkung auf den leeren Raum ergibt. Da sich die hier entwickelte Formulierung der Variante auf die Elektronentheorie stützt, ist die Korrektur bereits gegeben, doch soll sie der Vollständigkeit halber kurz angedeutet werden.

Für das statische elektrische Feld galt bei der Ableitung der Maxwellschen Spannungen die Voraussetzung rot $\mathfrak{E} = 0$, die nunmehr aufzulassen ist. An deren Stelle tritt die zweite Maxwellsche Gleichung, die für die x-Richtung ergibt

$$\frac{\partial \mathfrak{E}_z}{\partial y} - \frac{\partial \mathfrak{E}_y}{\partial z} + \frac{1}{c}\frac{\partial \mathfrak{B}_x}{\partial t} = 0.$$

Wird diese Änderung in den betreffenden Ausdrücken des Kapitels II berücksichtigt, so folgt

$$\mathfrak{f}_{el} = \nabla\, T_{el} - \frac{1}{c}\left(\mathfrak{E} \times \frac{\partial\, \mathfrak{B}}{\partial\, t}\right).$$

Bezüglich des magnetischen Feldes ist beim Übergang von III (35) auf III (36) nunmehr die Voraussetzung $\partial\, \mathfrak{E}/\partial\, t = 0$ aufzulassen, woraus folgt

$$\mathfrak{f}_{m} = \nabla\, T_{m} - \frac{1}{c}\left(\frac{\partial\, \mathfrak{E}}{\partial\, t} \times \mathfrak{B}\right).$$

Für den Kraftangriff folgt daher, wenn

$$T_{el} + T_{m} = T$$

gesetzt wird, in voller Allgemeinheit

$$\mathfrak{f} = \nabla\, T - \frac{1}{c}\frac{\partial\, (\mathfrak{E} \times \mathfrak{B})}{\partial\, t} = \nabla\, T - \frac{1}{c^2}\frac{\partial\, \mathfrak{S}}{\partial\, t}. \tag{1}$$

Eine Kraft auf einen von Elektrizität freien Raum kann nicht auftreten, da die vorstehende Gleichung lediglich eine Umformung von I (G) mit Hilfe der beiden Hauptgleichungen darstellt.

Es muß jedoch beachtet werden, daß die Variante als Theorie des kontinuierlichen elektromagnetischen Makrofeldes zur genaueren Darstellung des Strahlungsdruckes nicht ausreichen kann.

Soll die Bewegung elektrischer Ladungen im Vakuum erfaßt werden, so ist dies im Rahmen der unveränderten Maxwellschen Theorie nicht möglich, da diese nur den Leitungsstrom berücksichtigt. Der Übergang auf die Elektronentheorie bedeutet in diesem Falle einen Bruch der Vorstellungen und den Eintritt in einen neuen Gedankenkreis. Die Variante vermeidet diesen Bruch, da sie einerseits selbst in der Lage ist, durch das Glied $\varrho\, \mathfrak{v}$ die Elektrizitätsbewegung im Vakuum zu berücksichtigen, andererseits aber, wie bereits ausgeführt, organisch mit der Elektronentheorie verknüpft ist und daher ohne weiteres den Übergang zu dieser gestattet.

Wir betrachten nun das Verhalten von Material im allgemeinen elektromagnetischen Feld. Die erste Hauptgleichung der Variante läßt sich in der Form schreiben

$$\operatorname{rot}\mathfrak{B} - \frac{1}{c}\frac{\partial\mathfrak{E}}{\partial t} = \frac{1}{c}(\mathfrak{J} + \mathfrak{O} + \varrho_P\,\mathfrak{v}_P), \qquad (2\,\mathrm{a})$$

aus der unter Berücksichtigung von I (2) und II (10)

$$\operatorname{rot}\mathfrak{B} - \frac{\varepsilon}{c}\frac{\partial\mathfrak{E}}{\partial t} = \frac{1}{c}(\mathfrak{J} + \mathfrak{O}) \qquad (2\,\mathrm{b})$$

wird. Streicht man darin links und rechts die entsprechenden Glieder von III (6b) und setzt $\lambda\,\mathfrak{E}$ an Stelle von $\mathfrak{J}$, so folgt unter Verwendung von III (7)

$$\operatorname{rot}\mathfrak{H} - \frac{\varepsilon}{c}\frac{\partial\mathfrak{E}}{\partial t} = \frac{1}{c}\,\lambda\,\mathfrak{E}, \qquad (3)$$

während die zweite Maxwellsche Gleichung in der Form

$$\operatorname{rot}\mathfrak{E} + \frac{\mu}{c}\frac{\partial\mathfrak{H}}{\partial t} = 0 \qquad (4)$$

geschrieben werden kann.

Die beiden letzten Gleichungen sind identisch mit denen, die aus der unveränderten Maxwellschen Theorie für Material mit den drei Materialkonstanten ε, μ und λ folgen. Sie sollen daher nicht weiter verfolgt werden.

Reichen die Annahme konstanter DK und magnetischer Permeabilität zur Erfassung des Materialverhaltens nicht mehr aus, so müssen andere Annahmen zugrunde gelegt werden; wie sie beispielsweise in der Dispersionstheorie vorliegen. Der Übergang zu dieser ist im Rahmen der hier entwickelten Variante ohne Bruch der Vorstellungen möglich.

Es werde nun das elektromagnetische Feld bei *materieller Bewegung* erörtert. Die unveränderte Maxwellsche Theorie auf diese auszudehnen, erwies sich als ein Problem, dessen Lösung trotz aller Bemühungen in befriedigender Weise nicht gelingen wollte. Erst die Elektronentheorie brachte hier den entscheidenden Schritt. Daher darf offenbar erwartet werden, daß auch der Variante für den Fall materieller Bewegung keine Schwierigkeiten erwachsen. In der Tat brauchen die Grundgleichungen I (A) bis I (H) hierzu gar nicht erweitert zu werden, sondern umfassen in dieser Form auch bereits die Erscheinungen bei materieller Bewegung — ein eigentlich selbstverständliches Ergebnis, da ja die Grundgleichungen aus der Elektronentheorie stammen und keinerlei Bezug auf die Materie enthalten. Im Sinne der Variante handelt es sich bei materieller Bewegung ausschließlich um die Bewegung der in der Materie enthaltenen Elektrizität.

Auf einen wesentlichen Unterschied zwischen den Anschauungen der Maxwell-Hertzschen Theorie gegenüber der Variante — und zwar bei Bewegung von Materie im magnetischen Feld — werde etwas näher eingegangen.

Führt ein Leiter oder ein Dielektrikum in einem magnetischen Feld eine Bewegung aus, so übt das magnetische Feld gemäß dem in III (34) enthaltenen Ausdruck eine *Kraft* auf die im Leiter oder im Dielektrikum enthaltene Elektrizität aus. Die Maxwell-Hertzsche Theorie dagegen nimmt an, daß durch die Bewegung eines Stoffes in einem magnetischen Feld im Stoff ein *elektrisches Feld* induziert werde, das im Leiter eine elektromotorische Kraft oder im Dielektrikum die Verschiebung der Polarisationselektrizität bewirkt. Dieser Unterschied in den Auffassungen ist offenbar tiefgreifend, da die Frage des Auftretens eines elektrischen Feldes dem Fundament der Theorie angehört. Den Schwierigkeiten, die der Maxwell-Hertzschen Theorie aus ihrer Annahme erwachsen — beispielsweise die Frage, wie es sich mit dem induzierten elektrischen Feld in einem sich immer mehr verdünnenden Gas verhält —, steht die klare, von Schwierigkeiten freie Aussage der Elektronentheorie und mit ihr der Variante gegenüber, daß es sich stets nur um den Kraftangriff auf in Bewegung befindliche elektrische Menge *ohne* Erzeugung eines elektrischen Feldes handelt.

Von den zahlreichen Versuchen, die der Frage nach der Beeinflussung des elektromagnetischen Feldes durch ma-

terielle Bewegung gewidmet sind, gilt ein Teil der Untersuchung des „Ätherdriftes", ein Teil der Frage nach der
Äquivalenz der in Bewegung befindlichen wahren und „freien"
Elektrizität. Auf die erstgenannten Untersuchungen braucht
hier nicht eingegangen zu werden. Bezüglich der letzteren
sei festgestellt, daß sie ausnahmslos die von der Variante an-
genommene Äquivalenz der beiden genannten Elektrizitäten
erweisen. Dabei ist zu beachten, daß die Verschiebung der
Polarisationselektrizität im elektrischen Feld auf Grund der
durch dieses Feld ausgeübten Kraft erfolgt, während die
Kraft bei Bewegung im magnetischen Feld von diesem
stammt.

Die Energie-Umwandlungen im elektromagnetischen Feld
werden in voller Allgemeinheit durch die Beziehung II (19)

$$\frac{\partial a}{\partial t} + \operatorname{div} \mathfrak{S} = - \varrho\, \mathfrak{E}\, \mathfrak{v} \tag{5}$$

angegeben, da beide Seiten die Produktion elektromagnetischer Energie formulieren. Elektromagnetische Energie wird
demnach ausschließlich durch Bewegung von Elektrizität
innerhalb eines elektrischen Feldes produziert (oder ver-
braucht); ein Sachverhalt, der dadurch bedingt ist, daß im
elektromagnetischen Feld die durch I (H) gegebenen auftretenden Kräfte stets nur an der Elektrizität angreifen, die
durch ihre Verschiebung als Kraftangriffspunkt die Energie-
Umwandlungen bedingt.

Wir erinnern uns hierbei, daß die Kraft $\mathfrak{F}$ in I (H) von
einem Mikrofeld herrührt, das im Makrobereich als Feld
nicht in Erscheinung tritt, so daß die Kraft $\varrho\, \mathfrak{F}$, im
Makrobereich merklich, als von der Materie ausgeübt angenommen werden muß.

Wird das innere Produkt beider Seiten von I (H) mit $\mathfrak{v}$,
der Geschwindigkeit der Elektrizität, gebildet, so folgt für
die Leistung

$$\mathfrak{k}\, \mathfrak{v} = \varrho\, \mathfrak{E}\, \mathfrak{v} + \varrho\, \mathfrak{F}\, \mathfrak{v}. \tag{6}$$

Das magnetische Feld leistet keine Arbeit; die Energie-Umwandlungen zwischen elektromagnetischem Feld und Materie wird dadurch bedingt, daß an der Elektrizität $\mathfrak{E}$ und $\mathfrak{F}$ angreifen.

Im folgenden werde lediglich der Leitungsstrom berücksichtigt und zunächst angenommen, daß der Leiter ruhe und daß die resultierende Kraft auf die Elektrizität gleich Null sei, also $\mathfrak{k}' = 0$, so daß diese stationär fließe. Es folgt dann

$$\mathfrak{E} + \mathfrak{F} = 0. \tag{7}$$

$\mathfrak{F}$ ist bei ruhendem Leiter die von der Materie auf die strömende Elektrizität ausgeübte Kraft und kann gleich

$$\mathfrak{F} = - \sigma \varrho \, \mathfrak{v} \tag{8}$$

gesetzt werden; wobei σ einen Materialwert, den spezifischen Widerstand, bedeutet und das negative Vorzeichen dem Umstand entspricht, daß $\mathfrak{F}$ der Geschwindigkeit $\mathfrak{v}$ entgegengerichtet ist.

Wird weiter

$$\varrho \, \mathfrak{v} = \mathfrak{J} \tag{9}$$

gesetzt, so folgt

$$\mathfrak{E} = \sigma \, \mathfrak{J}, \tag{10}$$

welche Bezeichnung im Rahmen der Maxwellschen Theorie zum Fundament gehört. Im Rahmen der Variante jedoch stellt IV (10) lediglich wieder eine der einfachsten Annahmen für das stoffliche Verhalten dar, wobei die Hoffnung besteht, daß sich der Materialwert als eine Konstante erweisen möge. In der Tat trifft dies hier in weit besserem Maße zu als bei der DK oder magnetischen Permeabilität; doch ändert dies nichts an der Tatsache, daß IV (10) ebenso wie II (10) und III (7) mit dem Fundament der Theorie nichts zu tun hat.

Nehmen wir nun an, daß sich der Leiter in Bewegung befinde, wobei wieder $\mathfrak{k}' = 0$ gelte, so folgt aus I (H)

$$\varrho \, \mathfrak{E} + \frac{1}{c} \, (\varrho \, \mathfrak{v} \times \mathfrak{B}) + \varrho \, \mathfrak{F} = 0. \tag{11}$$

Wird die Elektrizitätsgeschwindigkeit relativ zum Leiter mit $\mathfrak{v}_{\mathfrak{J}}$ bezeichnet, so kann die Elektrizitätsgeschwindigkeit $\mathfrak{v}$ in diese und die Leitergeschwindigkeit $\mathfrak{w}$ gespalten werden,

$$\mathfrak{v} = \mathfrak{v}_{\mathfrak{J}} + \mathfrak{w}; \tag{12}$$

und wenn auch die Kraft der Materie auf die in Bewegung befindliche Elektrizität in die analogen Komponenten gespalten wird,

$$\mathfrak{F} = \mathfrak{F}_{\mathfrak{J}} + \mathfrak{F}_{\mathfrak{w}}, \tag{13}$$

so folgt aus den drei letzten Gleichungen

$$\varrho\,\mathfrak{E} + \frac{1}{c}\,(\varrho\,\mathfrak{v}_{\mathfrak{J}} \times \mathfrak{B}) + \frac{1}{c}\,(\varrho\,\mathfrak{w} \times \mathfrak{B}) + \varrho\,\mathfrak{F}_{\mathfrak{J}} +$$
$$+ \varrho\,\mathfrak{F}_{\mathfrak{w}} = 0. \tag{14}$$

Um die wesentlichen Vorgänge in einfacher Weise darzustellen, nehmen wir an, daß der Leiter aus einem geradlinigen Drahtstück bestehe und daß die Leiterachse, die Leitergeschwindigkeit und das als homogen vorausgesetzte magnetische Feld, daß alle aufeinander normal stehen. Dann kann IV (14) gespalten werden; und zwar, wenn wir annehmen, daß die Richtung von $\mathfrak{E}$ in die Leiterachse fällt, in die beiden Gleichungen

$$\varrho\,\mathfrak{E} + \frac{1}{c}\,(\varrho\,\mathfrak{w} \times \mathfrak{B}) + \varrho\,\mathfrak{F}_{\mathfrak{J}} = 0 \tag{15a}$$

und

$$\frac{1}{c}\,(\varrho\,\mathfrak{v}_{\mathfrak{J}} \times \mathfrak{B}) + \varrho\,\mathfrak{F}_{\mathfrak{w}} = 0. \tag{15b}$$

IV (15a) enthält diejenigen Vektoren, die in die Richtung der Leiterachse fallen; IV (15b) diejenigen, die normal darauf stehen.

Wird in IV (15a) $\mathfrak{F}_{\mathfrak{J}}$ entsprechend IV (8)

$$\mathfrak{F}_{\mathfrak{J}} = -\,\sigma\,\mathfrak{J}$$

eingesetzt, so folgt

$$\mathfrak{E} + \frac{1}{c}\,(\mathfrak{w} \times \mathfrak{B}) = \sigma\,\mathfrak{J}. \tag{16}$$

Es gilt demnach IV (10) im Rahmen der Variante nur bei ruhendem Leiter. Bei einem innerhalb eines magnetischen

Feldes in Bewegung befindlichen Leiter tritt eine elektromotorische Kraft auch infolge des Kraftangriffes des magnetischen Feldes auf die Elektrizität auf. Gleichung IV (16) kann als die empirische Annahme betrachtet werden, die die Elektrizitätsbewegung im Leiter in Abhängigkeit vom elektromagnetischen Feld formuliert.

Das innere Produkt von IV (16) mit $\mathfrak{J}$ gibt

$$\mathfrak{E}\,\mathfrak{J} + \frac{1}{c}\,(\mathfrak{w} \times \mathfrak{B})\,\mathfrak{J} = \sigma\,\mathfrak{J}^2. \tag{17}$$

Das erste Glied links bedeutet die elektromagnetisch zu- oder abgeführte Leistung, das Glied auf der rechten Seite die Stromwärme; das mittlere Glied besitzt ebenfalls eine für die Energie-Umwandlung wesentliche Bedeutung.

Wird

$$\varrho\,\mathfrak{v}_{\mathfrak{J}} = \mathfrak{J}$$

gesetzt, in IV (15b) eingeführt und das innere Produkt dieser Gleichung mit $\mathfrak{w}$ gebildet, so folgt

$$\frac{1}{c}\,(\mathfrak{J} \times \mathfrak{B})\,\mathfrak{w} + \varrho\,\mathfrak{F}_{\mathfrak{w}} \cdot \mathfrak{w} = 0. \tag{18}$$

Das erste Glied links bedeutet das innere Produkt zwischen der Kraft, die das magnetische Feld auf den Leiter ausübt, und der Leitergeschwindigkeit. Im zweiten Glied ist $\mathfrak{F}_{\mathfrak{w}}$ die auf die Leiterachse senkrecht stehende Kraft der Materie auf die in derselben Geraden fließende Elektrizität. Es wird $\mathfrak{F}_{\mathfrak{w}}$ daher durch den mechanischen Spannungszustand gebildet und IV (18) läßt die Umwandlung elektromagnetischer Energie in mechanische oder umgekehrt erkennen.

Bei der Addition der Gleichungen IV (17) und IV (18) ist zu beachten, daß

$$\frac{1}{c}\,(\mathfrak{w} \times \mathfrak{B})\,\mathfrak{J} + \frac{1}{c}\,(\mathfrak{J} \times \mathfrak{B})\,\mathfrak{w} = 0.$$

Das magnetische Feld leistet keine Arbeit, aber IV (17) und IV (18) zeigen, daß es zur Energie-Umwandlung unerläßlich ist.

Die vorstehende Analyse zeigt die Energie-Umwandlungen in einem stromführenden Leiter und ihre Bedingungen in aller Deutlichkeit.

Wenn diese Betrachtung etwas näher ausgeführt wurde, so geschah es, um zu zeigen, daß die Variante bei diesem einfachen und so viel angewendeten Vorgang eine viel eingehendere Analyse erlaubt als die unveränderte Maxwellsche Theorie, die nur den Strom $\mathfrak{J}$ kennt.

*   *
*

Die in diesem Büchlein entwickelte Variante der Maxwellschen Theorie besteht demnach aus zwei vollkommen heterogenen Bestandteilen: Aus der Theorie des eigentlichen elektromagnetischen Feldes, die keinerlei Bezug auf die Materie enthält, und aus den Annahmen über den Einfluß der Materie, genauer der neutralen Substanz, auf die Elektrizität, welche die Verbindung zum elektromagnetischen Feld im engeren Sinne herstellt. Während der erstgenannte Bestandteil naturgesetzlicher Art ist, beruht der zweitgenannte im Bereiche des Makrofeldes auf bloßer ad hoc-Empirie; und es ist lediglich eine Frage der analytischen Anpassungsmöglichkeiten, wie weit man dabei kommt.

Es war die Absicht der Ausführungen, darzulegen, daß die Grundgleichungen der Elektronentheorie von Lorentz, wenn sie als für das kontinuierliche elektromagnetische Makrofeld gültig angesehen werden, eine Variante der Maxwellschen Theorie ergeben; in der keine magnetischen Mengen, jedoch Elementarströme oder der freie (magnetische) Strom auftreten. Die enge Verknüpfung zwischen der Elektronentheorie und der Variante gestattet nun offenbar eine von der historischen Entwicklung abweichende Auffassung der Lage.

Wir nehmen an, daß die Variante unmittelbar aus der Phänomenologie des kontinuierlichen elektromagnetischen Makrofeldes geschöpft wurde. Ihr weiter Gültigkeitsbereich rechtfertigt die Erwartung, daß dieselben Gleichungen auch für das kontinuierliche elektromagnetische Mikrofeld gelten, wobei die Verbindung dieser beiden Theorien durch die Mittelwertbildung gegeben ist. Hierdurch gelangen wir zu den Gleichungen der Lorentztheorie, die auf Grund einer entsprechenden Verteilung der Elektrizität eine quasi-korpuskulare Auffassung der Elektrizität ermöglicht. Daß den Korpuskeln, die in der Größe von Elektronen angenommen werden können, Masse zuzuschreiben ist, bedeutet der Variante gegenüber zunächst etwas Neues.

Über die quasi-korpuskulare Auffassung der Elektrizität kommt man auf diesem Wege aber nicht hinaus. Die beiden Hauptgleichungen der Elektronentheorie haben unabänderlich kontinuumstheoretischen Charakter und widersetzen sich daher notwendig jedem Versuch einer Adaptierung für atomistische Zwecke. Nur die Gleichung für den Kraftangriff auf die Elektrizität gestattet die Einführung der elektrischen Korpuskel in die hier behandelte Theorie.

Ein Vordringen zur Quantenmechanik ist auf diesem Wege ohne ein neues grundlegendes Prinzip nicht möglich. Die Variante der Maxwellschen Theorie und die Elektronentheorie von Lorentz bilden dieser Auffassung gemäß jedoch ein einziges theoretisches Gebäude, das vom kontinuierlichen elektromagnetischen Makrofeld bis zur quasi-korpuskularen Auffassung des elektromagnetischen Mikrofeldes reicht.

Zur Frage des Maßsystems

Im Rahmen der Variante genügen *drei* Fundamentalgrößen zur Darstellung der Dimensionen aller übrigen.

Weiter aber wird die Verwendung eines Maßsystems erforderlich, in welchem die Dielektrizitätskonstante und die magnetische Permeabilität des Vakuums — vom Standpunkt der unveränderten Maxwellschen Theorie aus gesehen — gleich Eins sind.

Von den zahlreichen, im Laufe der geschichtlichen Entwicklung vorgeschlagenen und verwendeten Maßsystemen, erfüllen nur zwei diese Bedingung: Das absolute Zentimeter-Gramm-Sekunden-System von Gauß und das von Lorentz.

Wenn für diese Schrift das letztere gewählt wurde, so geschah es wegen der heute vorherrschenden Tendenz zur „Rationalisierung", d. h. zur Beseitigung des Faktors 4π aus der ersten Maxwellschen Gleichung. In der Tat wird die Schreibweise der hauptsächlich gebrauchten Gleichungen dadurch bequemer, da der genannte Faktor dann in weniger häufig verwendeten Gleichungen auftritt.

Von den „praktischen" Maßsystemen, welche die Einheiten Volt, Ampere usw. zugrunde legen, erfüllt keines die angegebene Bedingung. Eines dieser Maßsysteme, die sich im Laufe der letzten Entwicklung innerhalb der Elektrotechnik in den Vordergrund geschoben haben, schreibt unter Verwendung der praktischen Einheiten und des Zentimeters als Längeneinheit die Maxwellschen Gleichungen in einer Form, deren Einfachheit nicht mehr zu übertreffen ist, nämlich

$$\mathrm{rot}\ \mathfrak{H}' - \frac{\partial \mathfrak{D}'}{\partial t} = \mathfrak{J}'$$

$$\mathrm{rot}\ \mathfrak{E}' + \frac{\partial \mathfrak{B}'}{\partial t} = 0.$$

Dabei muß aber in Kauf genommen werden, daß die Dielektrizitätskonstante und die magnetische Permeabilität des Vakuums äußerst unhandliche Werte annehmen, und zwar

$$\varepsilon_0 = \frac{10^9}{4\,\pi\,c^{\,2}} = 0{,}886 \cdot 10^{-13}; \quad \mu_0 = 4\,\pi \cdot 10^{-9} = 1{,}257 \cdot 10^{-8}.$$

Grundsätzlich das gleiche gilt vom Giorgischen Maßsystem, das an Stelle des Zentimeters das Meter verwendet und offenbar im Begriffe ist, das allgemein anerkannte und verwendete Maßsystem der Elektrotechnik zu werden.

Eine solche Möglichkeit, die Maxwellschen Gleichungen bei Verwendung der praktischen Einheiten auf Kosten der Werte der Dielektrizitätskonstante und der magnetischen Permeabilität des Vakuums von Koeffizienten freizuhalten, besteht für die Variante nicht. Werden in der Variante die praktischen Maße eingeführt, so ergeben sich zahlreiche „parasitäre" Koeffizienten, welche die Verwendung dieser Gleichungen sehr erschweren.

Für die Variante kommt daher nur das Maßsystem von Gauß oder das von Lorentz in Betracht. Das erstere besitzt den Vorteil, daß der Übergang zu den praktischen Maßen einfacher ist; bei letzterem entfällt das beständige Anschreiben des Faktors $4\,\pi$ in den gebräuchlichsten Gleichungen.

Die Beziehungen zwischen den Größen im Gaußschen und im Lorentzschen Maßsystem seien der Vollständigkeit halber hierher gesetzt. Sie lauten, wenn der Index G die Zugehörigkeit der betreffenden Größe zum Gaußschen Maßsystem bedeutet,

$$\mathfrak{E}_G = \gamma\,\mathfrak{E}, \qquad \mathfrak{D}_G = \gamma\,\mathfrak{D}$$
$$\mathfrak{B}_G = \gamma\,\mathfrak{B}, \qquad \mathfrak{H}_G = \gamma\,\mathfrak{H}$$
$$\gamma\,\mathfrak{J}_G = \mathfrak{J},$$

wobei $\gamma = \sqrt{4\,\pi}$.